高等职业教育药学类与食品药品类专业第四轮教材

高等数学 第3版

（供药学类、药品与医疗器械类、食品类、生物技术类专业用）

主　编　方媛璐　孙永霞

副主编　李　辉　郭家伽

编　者　（以姓氏笔画为序）

方媛璐（天津生物工程职业技术学院）　　许广涛（山东药品食品职业学院）

孙永霞（江苏省常州技师学院）　　　　　杨　萌（天津生物工程职业技术学院）

李　辉（泰山护理职业学院）　　　　　　位　赛（山东中医药高等专科学校）

张　莉（泰山护理职业学院）　　　　　　周秀娟（山东药品食品职业学院）

郭家伽（重庆三峡医药高等专科学校）　　商梓敬（天津生物工程职业技术学院）

中国健康传媒集团

中国医药科技出版社

内 容 提 要

本教材是"高等职业教育药学类与食品药品类专业第四轮教材"之一，系依据高等数学教学大纲的基本要求和课程特点编写而成，包含基础篇和提高篇两大模块。基础篇包括极限与连续、导数及其应用、不定积分与定积分；提高篇包括向量与空间解析几何、二元函数微积分、常微分方程、矩阵与线性方程组。本教材内容选取严格遵循教学大纲对认知和对能力的要求；遵循"注重基础、服务专业、突出应用、力求简明"的编写原则；力求体现创新性与实用性，兼顾不同基础水平的学生，以适应学生个性发展和继续学习的需求。本教材为书网融合教材，即纸质教材有机融合电子教材、教学配套资源（PPT、微课、视频、图片等）、题库系统、数字化教学服务（在线教学、在线作业、在线考试），使教学资源更加多样化、立体化。

本教材可供全国高职高专院校药学类、药品与医疗器械类、食品类、生物技术类专业师生教学使用，也可供相关行业从业人员培训和自学用。

图书在版编目（CIP）数据

高等数学/方媛璐，孙永霞主编. — 3 版. —北京：中国医药科技出版社，2021.8（2024.7 重印）

高等职业教育药学类与食品药品类专业第四轮教材

ISBN 978 – 7 – 5214 – 2555 – 0

Ⅰ. ①高…　Ⅱ. ①方… ②孙…　Ⅲ. ①高等数学 – 高等职业教育 – 教材　Ⅳ. ①O13

中国版本图书馆 CIP 数据核字（2021）第 143776 号

美术编辑　陈君杞

版式设计　友全图文

出版　**中国健康传媒集团** | 中国医药科技出版社

地址　北京市海淀区文慧园北路甲 22 号

邮编　100082

电话　发行：010 – 62227427　邮购：010 – 62236938

网址　www.cmstp.com

规格　889 × 1194mm $^{1}/_{16}$

印张　8

字数　216 千字

初版　2013 年 1 月第 1 版

版次　2021 年 8 月第 3 版

印次　2024 年 7 月第 3 次印刷

印刷　北京印刷集团有限责任公司

经销　全国各地新华书店

书号　ISBN 978 – 7 – 5214 – 2555 – 0

定价　35.00 元

获取新书信息、投稿、为图书纠错，请扫码联系我们。

出 版 说 明

　　"全国高职高专院校药学类与食品药品类专业'十三五'规划教材"于 2017 年初由中国医药科技出版社出版，是针对全国高等职业教育药学类、食品药品类专业教学需求和人才培养目标要求而编写的第三轮教材，自出版以来得到了广大教师和学生的好评。为了贯彻党的十九大精神，落实国务院《国家职业教育改革实施方案》，将"落实立德树人根本任务，发展素质教育"的战略部署要求贯穿教材编写全过程，中国医药科技出版社在院校调研的基础上，广泛征求各有关院校及专家的意见，于 2020 年 9 月正式启动第四轮教材的修订编写工作。

　　党的二十大报告指出，要办好人民满意的教育，全面贯彻党的教育方针，落实立德树人根本任务，培养德智体美劳全面发展的社会主义建设者和接班人。教材是教学的载体，高质量教材在传播知识和技能的同时，对于践行社会主义核心价值观，深化爱国主义、集体主义、社会主义教育，着力培养担当民族复兴大任的时代新人发挥巨大作用。在教育部、国家药品监督管理局的领导和指导下，在本套教材建设指导委员会专家的指导和顶层设计下，依据教育部《职业教育专业目录（2021 年）》要求，中国医药科技出版社组织全国高职高专院校及相关单位和企业具有丰富教学与实践经验的专家、教师进行了精心编撰。

　　本套教材共计 66 种，全部配套"医药大学堂"在线学习平台，主要供高职高专院校药学类、药品与医疗器械类、食品类及相关专业（即药学、中药学、中药制药、中药材生产与加工、制药设备应用技术、药品生产技术、化学制药、药品质量与安全、药品经营与管理、生物制药专业等）师生教学使用，也可供医药卫生行业从业人员继续教育和培训使用。

　　本套教材定位清晰，特点鲜明，主要体现在如下几个方面。

1. 落实立德树人，体现课程思政

　　教材内容将价值塑造、知识传授和能力培养三者融为一体，在教材专业内容中渗透我国药学事业人才必备的职业素养要求，潜移默化，让学生能够在学习知识同时养成优秀的职业素养。进一步优化"实例分析/岗位情景模拟"内容，同时保持"学习引导""知识链接""目标检测"或"思考题"模块的先进性，体现课程思政。

2. 坚持职教精神，明确教材定位

　　坚持现代职教改革方向，体现高职教育特点，根据《高等职业学校专业教学标准》要求，以岗位需求为目标，以就业为导向，以能力培养为核心，培养满足岗位需求、教学需求和社会需求的高素质技能型人才，做到科学规划、有序衔接、准确定位。

3. 体现行业发展，更新教材内容

　　紧密结合《中国药典》（2020 年版）和我国《药品管理法》（2019 年修订）、《疫苗管理法》（2019

年）、《药品生产监督管理办法》（2020年版）、《药品注册管理办法》（2020年版）以及现行相关法规与标准，根据行业发展要求调整结构、更新内容。构建教材内容紧密结合当前国家药品监督管理法规、标准要求，体现全国卫生类（药学）专业技术资格考试、国家执业药师职业资格考试的有关新精神、新动向和新要求，保证教育教学适应医药卫生事业发展要求。

4.体现工学结合，强化技能培养

专业核心课程吸纳具有丰富经验的医疗机构、药品监管部门、药品生产企业、经营企业人员参与编写，保证教材内容能体现行业的新技术、新方法，体现岗位用人的素质要求，与岗位紧密衔接。

5.建设立体教材，丰富教学资源

搭建与教材配套的"医药大学堂"（包括数字教材、教学课件、图片、视频、动画及习题库等），丰富多样化、立体化教学资源，并提升教学手段，促进师生互动，满足教学管理需要，为提高教育教学水平和质量提供支撑。

6.体现教材创新，鼓励活页教材

新型活页式、工作手册式教材全流程体现产教融合、校企合作，实现理论知识与企业岗位标准、技能要求的高度融合，为培养技术技能型人才提供支撑。本套教材部分建设为活页式、工作手册式教材。

编写出版本套高质量教材，得到了全国药品职业教育教学指导委员会和全国卫生职业教育教学指导委员会有关专家以及全国各相关院校领导与编者的大力支持，在此一并表示衷心感谢。出版发行本套教材，希望得到广大师生的欢迎，对促进我国高等职业教育药学类与食品药品类相关专业教学改革和人才培养作出积极贡献。希望广大师生在教学中积极使用本套教材并提出宝贵意见，以便修订完善，共同打造精品教材。

数字化教材编委会

主　编　方媛璐

编　者　（以姓氏笔画为序）

方媛璐（天津生物工程职业技术学院）

杨　萌（天津生物工程职业技术学院）

位　赛（山东中医药高等专科学校）

郭家伽（重庆三峡医药高等专科学校）

商梓敬（天津生物工程职业技术学院）

前言 《

　　本教材是"高等职业教育药学类与食品药品类专业第四轮教材"之一。药学类、药品与医疗器械类、食品类、生物技术类专业的高等职业教育以适应社会需求为目标，以培养医药食品技术能力为主线，既是我国高等教育的组成部分，又是医药与食品相关专业职业技术教育的基础阶段。高等数学课程本着"数学基础理论够用、医药食品行业突出、能力培养综合全面"的原则，在保证数学系统科学性的前提下，强调与专业相结合，达到"学以致用"的目的。

　　本教材的编写集中了几所医药类与食品类高职院校的力量，整合了高等数学的基本教学内容，依据高等职业教育在人才培养目标上的定位及高等数学的课程标准，注重基本概念、基本计算、基本方法的讲解，以适应医药类与食品类行业对人才素质的需求。正如习近平总书记在二十大报告中指出的"必须坚持系统观念。万事万物是相互联系、相互依存的。只有用普遍联系的、全面系统的、发展变化的观点观察事物，才能把握事物发展规律"。

　　教材在编写过程中，突出"渗透数学思维，优化教学内容，加强数学应用，服务医药食品"的思想，力求体现创新性与实用性，降低理论难度，弱化定理的推导过程，加强基本计算与基本方法的训练，采用数形结合的方式，以通俗易懂的表达方法使复杂的问题简单化。与上一版相比，本教材每章章首设置"学习引导"与"学习目标"模块，通过与生产、生活实践相结合，简要介绍本章知识点层次；"知识链接"模块，突出课程思政，彰显社会主义特色和大国工匠精神等；与专业有关的"实例分析"模块，突出医药与食品行业的特点；"即学即练"模块，加深理解重点难点知识点；"知识回顾"模块，总结本章的知识内容；章末的"目标检测"模块，检测学生对本章知识掌握的情况。

　　本教材为书网融合教材，即纸质教材有机融合电子教材、教学配套资源（PPT、微课、视频、图片等）、题库系统、数字化数学服务（在线教学、在线作业、在线考试），使教学资源更加多样化、立体化。

　　本教材共分两部分基础篇和提高篇：基础篇包括极限与连续、导数及其应用、不定积分与定积分；提高篇包括向量与空间解析几何、二元函数微积分、常微分方程、矩阵与线性方程组。教材编写具体分工如下：孙永霞编写第一章，方媛璐、商梓敬编写第二章，李辉、张莉编写第三章，郭家伽编写第四章，许广涛、周秀娟编写第五章，位赛编写第六章，杨萌编写第七章。在编写过程中得到各参编院校和出版社的大力支持，在此一并表示诚挚谢意！

　　本教材可供全国高职高专院校药学类、药品与医疗器械类、食品类、生物技术类专业师生教学使用，也可供相关行业从业人员培训和自学用。

　　受编者能力所限，书中疏漏之处在所难免，恳请广大读者提出宝贵意见与建议，以便修订时进一步完善。

编　者

2021 年 5 月

目录
CONTENTS

第一篇
基础篇

第一章 极限与连续

所谓极限思想，是指用极限概念分析问题和解决问题的一种数学思想，极限思想由来已久，而且来源于社会实践，最初是为了确定某些实际问题的精确解而产生的．战国时期的道家代表人物庄子就曾提出原始的极限思想："一尺之锤，日取其半，万世不竭．"一尺之锤是指一有限长的物体，但是它却可以无限地分割下去．魏晋时期的数学家刘徽在"割圆术"中提出："割之弥细，所失弥少，割之又割以至于不可割，则与圆合体而无所失矣．"这些都是极限思想的体现．极限是研究变量变化趋势的基本工具，高等数学中的许多基本概念如导数、积分等均建立在极限的基础之上．因此，掌握极限的思想与方法是学好微积分的前提条件．

本章在介绍极限概念的基础上，首先给出极限的运算法则、两个重要极限及无穷大与无穷小，然后并讲解求各类极限的方法，最后讲解函数连续的概念，介绍初等函数的连续性及闭区间上连续函数的性质，为后面的学习打下理论基础．

学习目标

1. **掌握** 极限的运算法则；两个重要极限；求各类极限的方法；无穷大与无穷小的关系；无穷小的性质．

2. **熟悉** 极限的概念；无穷大与无穷小的概念；函数的连续性与间断点；初等函数的连续性．

3. **了解** 左、右极限的概念；无穷小的比较；函数间断点的分类；闭区间上连续函数的性质．

第一节 极 限

PPT

对于给定的函数 $y = f(x)$，若当自变量 x 无限接近某个确定的目标时，对应的函数值可以无限接近于某个确定的常数 A，则称常数 A 为函数 $f(x)$ 在 x 这一变化过程中的极限．显然，极限 A 是与自变量 x 的变化过程紧密相关的，下面我们分类介绍函数的极限．

一、函数 $f(x)$ 当 $x \to x_0$ 时的极限

定义1 设函数 $f(x)$ 在点 x_0 的某一去心邻域内有定义，若当自变量 $x \to x_0$ 时，函数 $f(x)$ 无限接近

于常数 A，则称常数 A 为函数 $f(x)$ 当 $x \to x_0$ 时的极限．记作

$$\lim_{x \to x_0} f(x) = A \text{ 或 } f(x) \to A (x \to x_0).$$

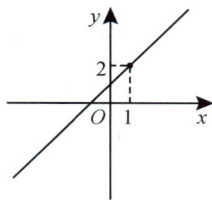

例1　求极限 $\lim\limits_{x \to 1}(x + 1)$.

解　函数 $f(x) = x + 1$ 的图像如图 1-1 所示，当 $x \to 1$ 时，$f(x)$ 无限接近于 2，故 $\lim\limits_{x \to 1}(x + 1) = 2$.

图 1-1

二、函数 $f(x)$ 当 $x \to \infty$ 时的极限

定义 2　设函数 $f(x)$ 在点 x_0 的某一去心邻域内有定义，若当自变量 $x \to \infty$ 时，函数 $f(x)$ 无限接近于常数 A，则称常数 A 为函数 $f(x)$ 当 $x \to \infty$ 时的极限．记作

$$\lim_{x \to \infty} f(x) = A \text{ 或 } f(x) \to A (x \to \infty).$$

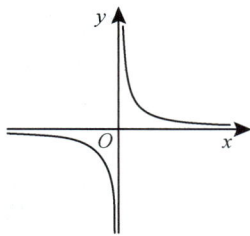

例2　求极限 $\lim\limits_{x \to \infty} \dfrac{1}{x}$.

解　函数 $f(x) = \dfrac{1}{x}$ 的图像如图 1-2 所示，当 $x \to \infty$ 时，$f(x)$ 无限接近于 0，故 $\lim\limits_{x \to \infty} \dfrac{1}{x} = 0$.

$x \to \infty$ 分为 $x \to -\infty$ 与 $x \to +\infty$ 两种情况，如果限制 x 只取正值或只取负值，则有 $\lim\limits_{x \to -\infty} f(x) = A$ 或 $\lim\limits_{x \to +\infty} f(x) = A$.

图 1-2

三、函数 $f(x)$ 在点 x_0 的左右极限

定义 3　当自变量 x 从点 x_0 的左侧（或右侧）无限接近 x_0 时，若函数 $f(x)$ 无限接近于常数 A，则称常数 A 为 $f(x)$ 在点 x_0 处的左极限（右极限）．记作

$$\lim_{x \to x_0^-} f(x) = A \text{ 或 } \lim_{x \to x_0^+} f(x) = A.$$

例3　设函数 $f(x) = \begin{cases} x & x \geq 0 \\ -x & x < 0 \end{cases}$，求 $\lim\limits_{x \to 0^-} f(x)$，$\lim\limits_{x \to 0^+} f(x)$，$\lim\limits_{x \to 0} f(x)$.

解　函数 $f(x) = \begin{cases} x & x \geq 0 \\ -x & x < 0 \end{cases}$ 的图像如图 1-3 所示，不难看出，

$\lim\limits_{x \to 0^-} f(x) = \lim\limits_{x \to 0^-}(-x) = 0$；$\lim\limits_{x \to 0^+} f(x) = \lim\limits_{x \to 0^+} x = 0$；$\lim\limits_{x \to 0} f(x) = 0$.

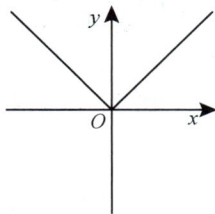

图 1-3

例4　设函数 $f(x) = \begin{cases} x & x \geq 0 \\ -x + 1 & x < 0 \end{cases}$，求 $\lim\limits_{x \to 0^-} f(x)$，$\lim\limits_{x \to 0^+} f(x)$，$\lim\limits_{x \to 0} f(x)$.

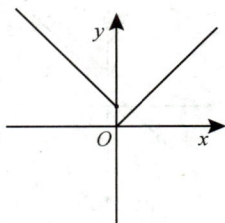

解　函数 $f(x) = \begin{cases} x & x \geq 0 \\ -x+1 & x < 0 \end{cases}$ 的图像如图 1-4 所示，不难看出，

$$\lim_{x \to 0^-} f(x) = \lim_{x \to 0^-}(-x+1) = 1;\ \lim_{x \to 0^+} f(x) = \lim_{x \to 0^+} x = 0;\ \lim_{x \to 0} f(x)\ \text{不存在}.$$

$x \to x_0$ 意味着同时考虑 $x \to x_0^-$ 与 $x \to x_0^+$，可以看出，极限存在与其左、右极限存在如下关系.

图 1-4

定理　极限 $\lim\limits_{x \to x_0} f(x) = A$ 的充分必要条件是 $\lim\limits_{x \to x_0^-} f(x) = \lim\limits_{x \to x_0^+} f(x) = A$.

知识链接

精益求精

　　子贡曰："《诗》云，'如切如磋，如琢如磨'."宋代学者朱熹集注："言治骨角者，既切之而复磋之；治玉石者，既琢之而复磨之；治之已精，而益求其精也."后用"精益求精"表示已经很好还求更好.本章所学习的"极限思想"与"精益求精"有异曲同工之意，数学上有极限的概念，生活中有极限的事情，有一部很火的纪录片，叫作《我在故宫修文物》，修缮工作那些不为人知的辛勤与艰难，一经朋友圈热传，即刻唤醒了大众对工匠精神的无限敬仰.工艺的磨炼如同心性的修炼，都要历经千百种的艰辛，当它以一个成果的姿态去迎接众人的赞誉时，我们不应忘记那幕后的工匠精神，而追求完美、追求极致、追求卓越就是工匠精神的灵魂，所以我们做任何事情之前，虽然并不知道好的极限在何处，但是仍要永不停息地追求和努力！

PPT

第二节　极限运算

　　极限的运算是本章的重点内容之一，本节介绍极限的运算法则、两个重要极限及无穷大量与无穷小量.

一、极限运算法则

设 $\lim f(x)$、$\lim g(x)$ 在 x 的某一变化过程中均存在（省略 x 的变化过程）.

法则 1　$\lim[f(x) \pm g(x)] = \lim f(x) \pm \lim g(x)$.

法则 2　$\lim[f(x) \cdot g(x)] = \lim f(x) \cdot \lim g(x)$.

法则 3　$\lim Cf(x) = C\lim f(x)$（法则 3 是法则 2 的特殊情况）.

法则 4　$\lim \dfrac{f(x)}{g(x)} = \dfrac{\lim f(x)}{\lim g(x)}\ [\lim g(x) \neq 0]$.

例 1　求极限 $\lim\limits_{x \to 1} \dfrac{x^2 + x + 1}{x + 1}$.

解　$\lim\limits_{x \to 1} \dfrac{x^2 + x + 1}{x + 1} = \dfrac{\lim\limits_{x \to 1}(x^2 + x + 1)}{\lim\limits_{x \to 1}(x + 1)} = \dfrac{3}{2}$.

例 2　求极限 $\lim\limits_{x \to 1} \dfrac{x^2 - 3x + 2}{x^2 - 1}$.

解　当 $x \to 1$ 时，分子分母的极限同时为 0，又因为 $x \to 1$，但是 $x \neq 1$，故可以先约去因式 $x - 1$.

$$\lim_{x \to 1} \frac{x^2 - 3x + 2}{x^2 - 1} = \lim_{x \to 1} \frac{(x - 1)(x - 2)}{(x - 1)(x + 1)} = \lim_{x \to 1} \frac{x - 2}{x + 1} = -\frac{1}{2}.$$

例 3　求极限 $\lim\limits_{x \to 2} \dfrac{2 - \sqrt{x + 2}}{x - 2}$.

解　当 $x \to 2$ 时，分子分母的极限同时为 0，考虑先对分子有理化，再求极限.

$$\lim_{x \to 2} \frac{2 - \sqrt{x + 2}}{x - 2} = \lim_{x \to 2} \frac{(2 - \sqrt{x + 2})(2 + \sqrt{x + 2})}{(x - 2)(2 + \sqrt{x + 2})} = \lim_{x \to 2} \frac{2 - x}{(x - 2)(2 + \sqrt{x + 2})}$$

$$= \lim_{x \to 2} \frac{-1}{(2 + \sqrt{x + 2})} = -\frac{1}{4}.$$

例 4　求极限 $\lim\limits_{x \to \infty} \dfrac{2x^2 - 3x + 2}{x^2 + x + 1}$.

解　当 $x \to \infty$ 时，分子分母的极限同时为 ∞，故分子分母同时除以 x^2.

$$\lim_{x \to \infty} \frac{2x^2 - 3x + 2}{x^2 + x + 1} = \lim_{x \to \infty} \frac{2 - \dfrac{3}{x} + \dfrac{2}{x^2}}{1 + \dfrac{1}{x} + \dfrac{1}{x^2}} = 2.$$

"$\dfrac{0}{0}$" 型与 "$\dfrac{\infty}{\infty}$" 型求极限不能直接用极限的运算法则，需要先对原式进行变形（因式分解、有理化、通分、约分等），然后再求极限."$\dfrac{0}{0}$" 型与 "$\dfrac{\infty}{\infty}$" 型的极限叫作极限的未定式.

二、两个重要极限　📱微课

1. 第一重要极限　　$\lim\limits_{x \to 0} \dfrac{\sin x}{x} = 1$.

第一重要极限是 "$\dfrac{0}{0}$" 型，可以形象地表示为：$\lim\limits_{\square \to 0} \dfrac{\sin \square}{\square} = 1$（$\square$ 表示同一变量），使用此公式的关键是分子中 sin 后面的角与分母必须保持一致.

例 5　求极限 $\lim\limits_{x \to 0} \dfrac{\tan x}{x}$.

解　$\lim\limits_{x \to 0} \dfrac{\tan x}{x} = \lim\limits_{x \to 0} \dfrac{\sin x}{x} \cdot \dfrac{1}{\cos x} = \lim\limits_{x \to 0} \dfrac{\sin x}{x} \cdot \lim\limits_{x \to 0} \dfrac{1}{\cos x} = 1.$

例 6　求极限 $\lim\limits_{x \to 0} \dfrac{\sin 2x}{\sin 3x}$.

解　$\lim\limits_{x \to 0} \dfrac{\sin 2x}{\sin 3x} = \lim\limits_{x \to 0} \left(\dfrac{\sin 2x}{2x} \cdot \dfrac{3x}{\sin 3x} \cdot \dfrac{2x}{3x} \right) = \dfrac{2}{3} \lim\limits_{2x \to 0} \dfrac{\sin 2x}{2x} \cdot \lim\limits_{3x \to 0} \dfrac{3x}{\sin 3x} = \dfrac{2}{3}.$

例 7　求极限 $\lim\limits_{x \to 0} \dfrac{1 - \cos x}{x^2}$.

解　$\lim\limits_{x \to 0} \dfrac{1 - \cos x}{x^2} = \lim\limits_{x \to 0} \dfrac{2 \sin^2 \dfrac{x}{2}}{x^2} = \lim\limits_{x \to 0} 2 \left(\dfrac{1}{2} \cdot \dfrac{\sin \dfrac{x}{2}}{\dfrac{x}{2}} \right)^2 = \dfrac{1}{2} \lim\limits_{\frac{x}{2} \to 0} \left(\dfrac{\sin \dfrac{x}{2}}{\dfrac{x}{2}} \right)^2 = \dfrac{1}{2}.$

2. 第二重要极限 $\lim\limits_{x \to \infty}\left(1+\dfrac{1}{x}\right)^x = \mathrm{e}$ 或 $\lim\limits_{x \to 0}(1+x)^{\frac{1}{x}} = \mathrm{e}$.

第二重要极限是"1^{∞}"型，可以形象地表示为：$\lim\limits_{\square \to \infty}\left(1+\dfrac{1}{\square}\right)^{\square} = \mathrm{e}$ 或 $\lim\limits_{\square \to 0}(1+\square)^{\frac{1}{\square}} = \mathrm{e}$（$\square$ 表示同一变量），使用此公式的关键是括号内第二项与括号外的指数互为倒数.

例 8 求极限 $\lim\limits_{x \to \infty}\left(1+\dfrac{2}{x}\right)^x$.

解 $\lim\limits_{x \to \infty}\left(1+\dfrac{2}{x}\right)^x = \lim\limits_{x \to \infty}\left(1+\dfrac{2}{2 \cdot \frac{x}{2}}\right)^{\frac{x}{2} \cdot 2} = \left[\lim\limits_{x \to \infty}\left(1+\dfrac{1}{\frac{x}{2}}\right)^{\frac{x}{2}}\right]^2 = \mathrm{e}^2$.

例 9 求极限 $\lim\limits_{x \to 0}(1-x)^{\frac{3}{x}}$.

解 因为当 $x \to 0$ 时，$-x \to 0$，

所以 $\lim\limits_{x \to 0}(1-x)^{\frac{3}{x}} = \lim\limits_{-x \to 0}[1+(-x)]^{\frac{1}{-x} \cdot (-3)} = \mathrm{e}^{-3}$.

例 10 求极限 $\lim\limits_{x \to \infty}\left(\dfrac{x-2}{x-3}\right)^x$.

解 因为 $\dfrac{x-2}{x-3} = \dfrac{x-3+1}{x-3} = 1+\dfrac{1}{x-3}$，

所以 $\lim\limits_{x \to \infty}\left(\dfrac{x-2}{x-3}\right)^x = \lim\limits_{x \to \infty}\left(1+\dfrac{1}{x-3}\right)^{x-3+3} = \lim\limits_{(x-3) \to \infty}\left[\left(1+\dfrac{1}{x-3}\right)^{x-3} \cdot \left(1+\dfrac{1}{x-3}\right)^3\right] = \mathrm{e} \cdot 1 = \mathrm{e}$.

即学即练 1-2

极限 $\lim\limits_{x \to 0}(1+3x)^{\frac{2}{x}} = ($ $)$.

答案解析　　A. e^6　　　　　B. e　　　　　C. e^{-1}　　　　　D. e^2

三、无穷大量与无穷小量

1. 无穷大量

定义 1 函数 $f(x)$ 在 x 的某个变化过程中，若 $|f(x)|$ 无限增大，则称函数 $f(x)$ 为 x 在该变化过程中的无穷大量，简称无穷大，记作 $\lim f(x) = \infty$.

无穷大与自变量的变化过程密切相关，无穷大是极限不存在的一种情形，虽然用极限符号表示，但并不表示极限存在. 例如：x^2 是 $x \to \infty$ 时的无穷大；$\dfrac{1}{x}$ 是 $x \to 0$ 时的无穷大.

2. 无穷小量

定义 2 函数 $f(x)$ 在 x 的某个变化过程中，若 $f(x)$ 极限为零，则称函数 $f(x)$ 为 x 在该变化过程中的无穷小量，简称无穷小，记作 $\lim f(x) = 0$.

无穷小与自变量的变化过程密切相关，无穷小是量的变化状态，而不是量的大小，无穷小表示极限为零. 例如：x^2 是 $x \to 0$ 时的无穷小；$\dfrac{1}{x}$ 是 $x \to \infty$ 时的无穷小.

3. 无穷大与无穷小的关系

定理 1 函数 $f(x)$ 在 x 的某个变化过程中，若 $f(x)$ 为无穷小 $[f(x) \neq 0]$，则 $\dfrac{1}{f(x)}$ 是无穷大；若 $f(x)$ 为无穷大，则 $\dfrac{1}{f(x)}$ 是无穷小.

例 11 求极限 $\lim\limits_{x \to 1} \dfrac{2x-1}{x^2+x-2}$.

解 因为 $\lim\limits_{x \to 1} x^2 + x - 2 = 0$，$\lim\limits_{x \to 1} 2x - 1 \neq 0$，

所以 $\lim\limits_{x \to 1} \dfrac{x^2+x-2}{2x-1} = 0$，

故由无穷大与无穷小的关系，得到 $\lim\limits_{x \to 1} \dfrac{2x-1}{x^2+x-2} = \infty$.

4. 无穷小的性质

（1）有限个无穷小的代数和依然是无穷小.

（2）有限个无穷小的积依然是无穷小.

（3）常数与无穷小的积依然是无穷小.

（4）有界量与无穷小的积依然是无穷小.

例 12 求极限 $\lim\limits_{x \to 0} x^2 \cdot \cos \dfrac{1}{x}$.

解 因为 $\lim\limits_{x \to 0} x^2 = 0$，所以 x^2 为 $x \to 0$ 时的无穷小.

又 $\left| \cos \dfrac{1}{x} \right| \leqslant 1$，即 $\left| \cos \dfrac{1}{x} \right|$ 为有界量，

根据无穷小的性质，$x^2 \cdot \cos \dfrac{1}{x}$ 为 $x \to 0$ 时的无穷小，

故 $\lim\limits_{x \to 0} x^2 \cdot \cos \dfrac{1}{x} = 0$.

5. 无穷小的比较 根据无穷小的性质，两个无穷小的和、差、积仍然是无穷小，但是两个无穷小的商不一定是无穷小. 例如：当 $x \to 0$ 时，x 与 x^2 均是无穷小，但是 $\lim\limits_{x \to 0} \dfrac{x^2}{x} = 0$，$\lim\limits_{x \to 0} \dfrac{x}{x^2} = \infty$.

定义 3 设 α、β 为自变量在某一变化过程中的无穷小，

（1）如果 $\lim \dfrac{\beta}{\alpha} = 0$，则称 β 是比 α 高阶无穷小（或称 α 是比 β 低阶无穷小），记作 $\beta = o(\alpha)$；

（2）如果 $\lim \dfrac{\beta}{\alpha} = C(C \neq 0)$，则称 β 是与 α 同阶无穷小；当 $C = 1$ 时，称 β 是与 α 等价无穷小，记作 $\alpha \sim \beta$.

注：根据等价无穷小的定义可以证明，当 $x \to 0$ 时，有以下常用的等价无穷小关系：

$$\sin x \sim x,\ \tan x \sim x,\ 1 - \cos x \sim \frac{1}{2}x^2,\ \ln(1+x) \sim x,\ e^x - 1 \sim x$$

定理 2 设在自变量的某一变化过程中，有 $\alpha \sim \alpha'$，$\beta \sim \beta'$，如果 $\lim \dfrac{\beta'}{\alpha'}$ 存在，则 $\lim \dfrac{\beta}{\alpha} = \lim \dfrac{\beta'}{\alpha'}$.

例 13 求极限 $\lim\limits_{x \to 0} \dfrac{\tan 3x}{\sin 2x}$.

解 当 $x \to 0$ 时,$\tan 3x \sim 3x$,$\sin 2x \sim 2x$,

故 $\lim\limits_{x \to 0} \dfrac{\tan 3x}{\sin 2x} = \lim\limits_{x \to 0} \dfrac{3x}{2x} = \dfrac{3}{2}$.

第三节 连 续

PPT

在实际生活中,许多事物的运动变化过程是连续不断的,因此我们引入连续的概念. 本节重点研究函数的连续性,并介绍初等函数连续的性质.

一、函数的连续性

定义 1 设函数 $y = f(x)$ 在点 x_0 的某邻域内有定义,如果自变量 x 在 x_0 处的增量 $\Delta x = x - x_0$ 趋于零时,有函数 $y = f(x)$ 对应的增量 Δy 也趋于零,即

$$\lim_{\Delta x \to 0} \Delta y = \lim_{\Delta x \to 0} [f(x_0 + \Delta x) - f(x_0)] = 0,$$

则称函数 $y = f(x)$ 在点 x_0 处是连续的.

由于 $\Delta y = f(x_0 + \Delta x) - f(x_0) = f(x) - f(x_0)$,定义 1 中的表达式可以写成 $\lim\limits_{x \to x_0}[f(x) - f(x_0)] = 0$,即 $\lim\limits_{x \to x_0} f(x) = f(x_0)$,故函数 $y = f(x)$ 在点 x_0 处连续也有如下叙述.

定义 2 设函数 $y = f(x)$ 在点 x_0 的某邻域内有定义,如果 $\lim\limits_{x \to x_0} f(x) = f(x_0)$,则称函数 $y = f(x)$ 在点 x_0 处是连续的.

由左极限与右极限可以推出左连续与右连续的概念.

左连续:若 $\lim\limits_{x \to x_0^-} f(x) = f(x_0)$,则称函数 $y = f(x)$ 在点 x_0 处左连续.

右连续:若 $\lim\limits_{x \to x_0^+} f(x) = f(x_0)$,则称函数 $y = f(x)$ 在点 x_0 处右连续.

例 1 试证 $f(x) = \begin{cases} x\cos x & x \neq 0 \\ 0 & x = 0 \end{cases}$ 在点 $x = 0$ 处连续.

证 因为 $\lim\limits_{x \to 0} f(x) = \lim\limits_{x \to 0} x\cos x = 0$,$f(0) = 0$,

所以 $\lim\limits_{x \to 0} f(x) = f(0)$,

根据连续的定义,$f(x)$ 在 $x = 0$ 处是连续的.

二、函数的间断点

1. 间断点的定义 设函数 $y = f(x)$ 在点 x_0 的某去心邻域内有定义,若函数 $y = f(x)$ 在点 x_0 处不连续,则称点 x_0 是函数 $y = f(x)$ 的间断点,也称函数 $y = f(x)$ 在该点处是间断的或不连续的.

根据连续的定义可以看出,只要满足以下三个条件之一,点 x_0 就是函数 $y = f(x)$ 的间断点:

(1)函数 $y = f(x)$ 在点 x_0 处没有定义;

(2)$\lim\limits_{x \to x_0} f(x)$ 不存在;

(3)$\lim\limits_{x \to x_0} f(x) \neq f(x_0)$.

2. 间断点的分类 设点 x_0 是函数 $y = f(x)$ 的间断点，若 $\lim\limits_{x \to x_0^-} f(x)$、$\lim\limits_{x \to x_0^+} f(x)$ 都存在，则称点 x_0 是函数 $y = f(x)$ 的第一类间断点；否则，称点 x_0 是函数 $y = f(x)$ 的第二类间断点.

特别的，在第一类间断点中，有以下情形：

（1）$\lim\limits_{x \to x_0^-} f(x)$ 与 $\lim\limits_{x \to x_0^+} f(x)$ 均存在但不相等，则称点 x_0 是函数 $y = f(x)$ 的跳跃间断点；

（2）$\lim\limits_{x \to x_0} f(x)$ 存在，但不等于 $f(x_0)$，则称点 x_0 是函数 $y = f(x)$ 的可去间断点.

例 2 讨论函数 $f(x) = \begin{cases} x + 1 & x \geq 0 \\ x - 1 & x < 0 \end{cases}$ 在 $x = 0$ 处的连续性.

解 因为 $\lim\limits_{x \to 0^-} f(x) = \lim\limits_{x \to 0^-}(x - 1) = -1$，$\lim\limits_{x \to 0^+} f(x) = \lim\limits_{x \to 0^+}(x + 1) = 1$，

所以 $f(x)$ 在点 $x = 0$ 的左、右极限存在但不相等，

故函数 $f(x) = \begin{cases} x + 1 & x \geq 0 \\ x - 1 & x < 0 \end{cases}$ 在点 $x = 0$ 处不连续，点 $x = 0$ 是第一类间断点中的跳跃间断点.

例 3 讨论函数 $f(x) = \dfrac{1}{x}$ 在 $x = 0$ 处的连续性.

解 因为 $f(x) = \dfrac{1}{x}$ 在 $x = 0$ 处无定义，

所以 $\lim\limits_{x \to 0^-} f(x) = \lim\limits_{x \to 0^-} \dfrac{1}{x} = -\infty$，

$\lim\limits_{x \to 0^+} f(x) = \lim\limits_{x \to 0^+} \dfrac{1}{x} = +\infty$，

故函数 $f(x) = \dfrac{1}{x}$ 在 $x = 0$ 处不连续，点 $x = 0$ 是第二类间断点.

▶▶ 实例分析

实例 药物代谢动力学简称药动学，主要研究机体对药物处置的动态变化，药物在机体内的吸收、分布、生化转换（或称代谢）及排泄的过程，特别是血药浓度随时间变化的规律，可以用药物在机体内的代谢曲线来表示.

问题 运用数学原理和方法，说明药物在机体内的代谢曲线（图 1−5）是否连续.

答案解析

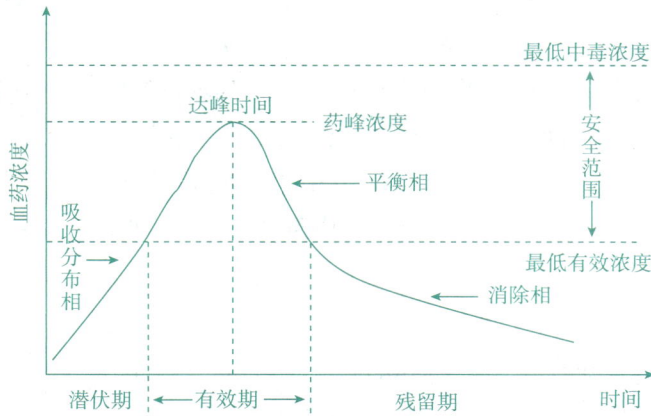

图 1−5

三、初等函数的连续性

定理 1 基本初等函数在其定义域内是连续的,一切初等函数在其定义域内都是连续的.

例 4 求极限 $\lim\limits_{x \to 2}(x - 2 + \sqrt{x + 1})$.

解 因为 $f(x) = x - 2 + \sqrt{x + 1}$ 为初等函数,且定义域为 $(-\infty, +\infty)$,

所以 $f(x) = x - 2 + \sqrt{x + 1}$ 在 $x = 2$ 处连续,

故 $\lim\limits_{x \to 2}(x - 2 + \sqrt{x + 1}) = f(2) = \sqrt{3}$.

四、闭区间上连续函数的性质

定理 2(最值定理) 闭区间上的连续函数一定存在最大值和最小值.

该定理中的"闭区间"和"连续函数"是该定理的重要条件,如果条件为开区间或闭区间中有间断点,那么函数在该区间上不一定有最大值和最小值,例如,函数 $y = \tan\dfrac{x}{2}$ 在开区间 $(-\pi, \pi)$ 内连续,但是它既无最大值也无最小值(图 1-6);函数 $y = \dfrac{1}{x}$ 在闭区间 $[-1, 1]$ 上不连续,它既无最大值也无最小值(图 1-7).

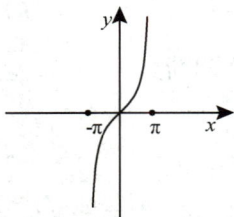

图 1-6

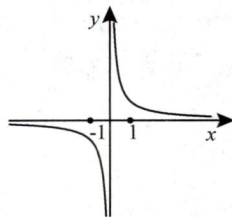

图 1-7

定理 3(零点定理) 若函数 $f(x)$ 在闭区间 $[a, b]$ 上连续,且 $f(a)$ 与 $f(b)$ 异号,即 $f(a) \cdot f(b) < 0$,则在开区间 (a, b) 内至少存在一点 ξ,使得

$$f(\xi) = 0 \quad (a < \xi < b).$$

定理 4(介值定理) 若函数 $f(x)$ 在闭区间 $[a, b]$ 上连续,且 $f(a) \neq f(b)$,则对于介于 $f(a)$ 与 $f(b)$ 之间的任一常数 c,在开区间 (a, b) 内至少存在一点 ξ,使得

$$f(\xi) = c \quad (a < \xi < b).$$

例 5 试证方程 $x^3 - 5x^2 + x + 1 = 0$ 在 $(0, 1)$ 内至少有一个实根.

证 令 $f(x) = x^3 - 5x^2 + x + 1$,则 $f(x)$ 在 $(0, 1)$ 内连续.

又 $f(0) = 1 > 0$,$f(1) = -2 < 0$,

由零点定理可知,至少存在一点 ξ,使得

$$f(\xi) = 0 \quad (0 < \xi < 1).$$

故方程 $x^3 - 5x^2 + x + 1 = 0$ 在 $(0, 1)$ 内至少有一个实根.

目标检测

一、单项选择题

1. $\lim\limits_{x \to 1} \dfrac{\sin x}{x} =$ （　　）.

　　A. $\sin x$　　　　　　B. 1　　　　　　C. $\sin 1$　　　　　　D. 0

2. 当 $x \to$ （　　）时，$y = \dfrac{x^2 - 1}{x(x - 1)}$ 为无穷大量.

　　A. 1　　　　　　　B. 0　　　　　　C. $-\infty$　　　　　　D. $+\infty$

3. 下列极限不为 0 的是（　　）.

　　A. $\lim\limits_{x \to \infty} \dfrac{\cos x}{x}$　　　B. $\lim\limits_{x \to \infty} x\cos\dfrac{1}{x}$　　　C. $\lim\limits_{x \to \infty} \dfrac{\sin x}{x}$　　　D. $\lim\limits_{x \to \pi} \dfrac{\sin x}{x}$

4. $\lim\limits_{x \to 0} \dfrac{\sin 4x}{\sin 2x} =$ （　　）.

　　A. 2　　　　　　　B. 1　　　　　　C. 4　　　　　　D. $\dfrac{1}{2}$

5. $\lim\limits_{x \to \infty} \dfrac{6x^4 + 7x + 1}{x^5 - 3x^2 - 9} =$ （　　）.

　　A. 6　　　　　　　B. 4　　　　　　C. ∞　　　　　　D. 0

6. 下列关于无穷小的叙述正确的是（　　）.

　　A. 无穷小是一个很小的数　　　　　　B. 无穷小是 0

　　C. 无穷小是以 0 为极限的变量　　　　D. 有界函数与无穷小的和是无穷小

7. 函数 $y = \dfrac{5x}{x^2 - 3x + 2}$ 的连续区间是（　　）.

　　A. $(-\infty, 1) \cup (1, 2) \cup (2, +\infty)$　　　　B. $(-\infty, 1) \cup (1, +\infty)$

　　C. $(-\infty, 1) \cup (2, +\infty)$　　　　　　　　D. $(-\infty, +\infty)$

8. 设 $f(x) = \begin{cases} 3x + 2, & x \leqslant 0 \\ x^2 - 2, & x > 0 \end{cases}$，则 $\lim\limits_{x \to 0^+} f(x) =$ （　　）.

　　A. 2　　　　　　　B. -2　　　　　　C. -1　　　　　　D. 0

9. $\lim\limits_{x \to 0} \dfrac{\sin mx}{\sin nx} =$ （　　）.

　　A. $\dfrac{n}{m}$　　　　　　B. 0　　　　　　C. $\dfrac{m}{n}$　　　　　　D. ∞

10. 函数 $f(x) = \begin{cases} x - 1, & 0 < x \leqslant 1 \\ 2 - x, & 1 < x \leqslant 3 \end{cases}$ 在 $x = 1$ 处不连续是因为（　　）.

　　A. $f(x)$ 在 $x = 1$ 处无定义　　　　　B. $\lim\limits_{x \to 1} f(x)$ 不存在

　　C. $\lim\limits_{x \to 1^+} f(x)$ 不存在　　　　　D. $\lim\limits_{x \to 1^-} f(x)$ 不存在

二、填空题

1. $\lim\limits_{x \to \infty} \dfrac{3x^4 + 2x + 1}{2x^4 - 3x^2 - 6} = $ _____ .

2. $x = 1$ 是函数 $y = \dfrac{x^3 - 1}{x - 1}$ 的 _____ 间断点 .

3. $\lim\limits_{x \to 0} \dfrac{\tan 2x}{\sin 5x} = $ _____ .

4. $\lim\limits_{x \to \infty} x \cdot \sin \dfrac{1}{x} = $ _____ .

5. $\lim\limits_{x \to \infty} \left(1 + \dfrac{2}{x} \right)^{2x} = $ _____ .

6. 函数 $y = \sqrt{1 - x^2}$ 的连续区间是 _____ .

7. $\lim\limits_{x \to \infty} \dfrac{\sin x + \cos x}{x} = $ _____ .

8. 设 $f(x) = \dfrac{|x| - x}{x}$ ，则 $\lim\limits_{x \to 0^-} f(x) = $ _____ .

9. $\lim\limits_{x \to 0} \left(x \sin \dfrac{1}{x} + \dfrac{1}{x} \sin x \right) = $ _____ .

10. $\lim\limits_{n \to \infty} \left(1 + \dfrac{2}{n} \right)^{kn} = \mathrm{e}^{-2}$ ，则 $k = $ _____ .

书网融合……

知识回顾　　　微课　　　习题

第二章　导数及其应用

学习引导

　　导数是微分学中的重要概念，导数反映变量与变量之间变化快慢的程度，如我们常见的汽车在某一时刻的速度、细胞繁殖的快慢、函数图像的切线、劳动生产率、边际成本等，都可归结为函数变化率的问题，即导数．

　　本章将从实际问题出发，首先引出导数的概念，并给出导数的公式和法则，以及求导数的重要方法．然后以导数为工具，给出洛必达法则——计算未定式极限的新方法；讨论函数及其图像的性态，例如判断函数的单调性与凹凸性、求函数的极值与拐点．最后利用导数解决实际问题中的最值问题．

学习目标

　　1. **掌握**　导数的基本公式；导数的运算法则；复合函数与隐函数的求导方法；求函数微分；洛必达法则；判别函数单调性；求函数极值．
　　2. **熟悉**　导数的几何意义；可导与连续的关系；二阶导数．
　　3. **了解**　导数的定义；微分的定义；函数的凹凸性与拐点；曲线的渐近线；求实际问题的最值．

第一节　导　数

PPT

　　在学习引导中提到了"函数变化率"的问题，"变化率"在函数中又有着怎样的几何意义呢？本节我们将一起研究"函数变化率"带来的重要意义．

一、导数的概念 微课

　　引例 1　某一时刻细胞繁殖的速度

　　在细胞培养过程中，以时间为自变量 x，以细胞数量为函数 y，可以将细胞数量随时间的变化看作函数 $y = f(x)$．如果时间由 x_0 变到 $x_0 + \Delta x$，则细胞数量的增量为 $\Delta y = f(x_0 + \Delta x) - f(x_0)$，而 $\dfrac{\Delta y}{\Delta x} = \dfrac{f(x_0 + \Delta x) - f(x_0)}{\Delta x}$ 就是细胞数量在时间段 Δx 上的平均增长率．当时间由 x_0 变到 $x_0 + \Delta x$ 非常短，即 $\Delta x \to 0$ 时，如果平均增长率的极限存在，即 $\lim\limits_{\Delta x \to 0} \dfrac{\Delta y}{\Delta x} = \lim\limits_{\Delta x \to 0} \dfrac{f(x_0 + \Delta x) - f(x_0)}{\Delta x}$，则此极限值就是细胞在

x_0 时刻的繁殖速度.

引例 2 函数图像的切线

如图 2-1 所示,设曲线 $y = f(x)$,在其上取一点 $M(x_0, y_0)$,在点 M 外另取一点 $N(x_0 + \Delta x, y_0 + \Delta y)$,则割线 MN 的斜率为

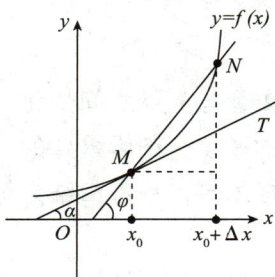

$$k = \tan\varphi = \frac{\Delta y}{\Delta x} = \frac{f(x_0 + \Delta x) - f(x_0)}{\Delta x} \quad (\varphi \text{ 为割线 } MN \text{ 的倾斜角}).$$

当 $\Delta x \to 0$ 时,点 N 沿着曲线 $y = f(x)$ 无限地趋近于点 M,此时割线 MN 绕点 M 旋转而趋近于极限位置 MT,直线 MT 就是曲线 $y = f(x)$ 在点 M 处的切线,因此切线的斜率为

$$k = \tan\alpha = \lim_{\varphi \to \alpha} \tan\varphi = \lim_{\Delta x \to 0} \frac{\Delta y}{\Delta x}$$

图 2-1

$$= \lim_{\Delta x \to 0} \frac{f(x_0 + \Delta x) - f(x_0)}{\Delta x} \quad (\alpha \text{ 为切线 } MT \text{ 的倾斜角}).$$

通过上面的例子可以发现,函数 $y = f(x)$ 的增量 Δy 与自变量 x 的增量 Δx 之比 $\dfrac{\Delta y}{\Delta x}$ 就是在 Δx 上的平均变化率,当 $\Delta x \to 0$ 时,平均变化率的极限 $\lim\limits_{\Delta x \to 0} \dfrac{\Delta y}{\Delta x} = \lim\limits_{\Delta x \to 0} \dfrac{f(x_0 + \Delta x) - f(x_0)}{\Delta x}$ 就是在 x_0 处的瞬间变化率,这就是"导数".

定义 设函数 $y = f(x)$ 在点 x_0 及邻域内存在,自变量 x 在点 x_0 处取得增量 Δx 时,函数 $y = f(x)$ 有增量 $\Delta y = f(x_0 + \Delta x) - f(x_0)$,如果极限 $\lim\limits_{\Delta x \to 0} \dfrac{\Delta y}{\Delta x} = \lim\limits_{\Delta x \to 0} \dfrac{f(x_0 + \Delta x) - f(x_0)}{\Delta x}$ 存在,则称函数 $y = f(x)$ 在点 x_0 处可导或导数存在,并称这个极限值为函数 $y = f(x)$ 在点 x_0 处的导数,记作 $f'(x_0)$ 或 $y'|_{x = x_0}$,即

$$f'(x_0) = \lim_{\Delta x \to 0} \frac{\Delta y}{\Delta x} = \lim_{\Delta x \to 0} \frac{f(x_0 + \Delta x) - f(x_0)}{\Delta x}.$$

如果极限 $\lim\limits_{\Delta x \to 0} \dfrac{\Delta y}{\Delta x} = \lim\limits_{\Delta x \to 0} \dfrac{f(x_0 + \Delta x) - f(x_0)}{\Delta x}$ 不存在,则称函数 $y = f(x)$ 在点 x_0 处不可导或导数不存在.

将此定义扩展一下,如果函数 $y = f(x)$ 在开区间 (a, b) 内的每一点处都可导,就称函数 $f(x)$ 在开区间 (a, b) 内可导.此时,对于任一 $x \in (a, b)$,都对应着一个确定的导数值,这样就构成了一个新的函数,这个函数叫作原来函数 $y = f(x)$ 的导函数,记作 y' 或 $f'(x)$.

在不引起混淆的情况下,导数与导函数统称导数.

例 1 设函数 $y = f(x)$,当自变量 x 由 x_0 变到 $x_0 + \Delta x$ 时,求相应函数的改变量 Δy.

解 $\Delta y = f(x_0 + \Delta x) - f(x_0)$.

例 2 设 $f(x)$ 在 x_0 处可导,求 $\lim\limits_{\Delta x \to 0} \dfrac{f(x_0 - \Delta x) - f(x_0)}{\Delta x}$.

解 根据导数定义 $f'(x_0) = \lim\limits_{\Delta x \to 0} \dfrac{\Delta y}{\Delta x} = \lim\limits_{\Delta x \to 0} \dfrac{f(x_0 + \Delta x) - f(x_0)}{\Delta x}$,

本题将定义式中的 Δx 换成了 $-\Delta x$,

$$\lim_{\Delta x \to 0} \frac{f(x_0 - \Delta x) - f(x_0)}{\Delta x} = -\lim_{\Delta x \to 0} \frac{f[x_0 + (-\Delta x)] - f(x_0)}{-\Delta x} = -f'(x_0).$$

二、导数的几何意义

由引例2可知，函数 $y = f(x)$ 在点 x_0 处的导数就是曲线 $y = f(x)$ 在点 $M[x_0, f(x_0)]$ 处的切线斜率，即导数的几何意义是 $f'(x_0) = \tan\alpha = k$ ，其中 α 是过点 x_0 处切线的倾斜角.

由导数的几何意义和直线的点斜式方程，很容易得到曲线 $y = f(x)$ 在点 $M[x_0, f(x_0)]$ 处的切线方程，即 $y - y_0 = f'(x_0)(x - x_0)$.

例 3 设函数 $y = f(x)$ 在点 $M(2,2)$ 处的导数为 $f'(2) = 3$ ，求曲线 $y = f(x)$ 在点 M 处的切线方程.

解 因为在点 $M(2,2)$ 处的导数为 $f'(2) = 3$ ，

所以在点 $M(2,2)$ 处的切线斜率为 $k = 3$ ，

故曲线 $y = f(x)$ 在点 M 处的切线方程为 $y - 2 = 3(x - 2)$ ，即 $y = 3x - 4$.

三、左右导数

通过以上学习，可以发现求导数就是求改变量之比的极限，即 $\lim\limits_{\Delta x \to 0} \dfrac{\Delta y}{\Delta x}$ ，而极限有左极限和右极限，因此导数也有左导数和右导数. 如果 $\Delta x \to 0^+$ 时极限存在，那么这个极限值叫作函数 $y = f(x)$ 在点 x_0 处的右导数，记作 $f'_+(x_0)$ ；如果 $\Delta x \to 0^-$ 时极限存在，那么这个极限值叫作函数 $y = f(x)$ 在点 x_0 处的左导数，记作 $f'_-(x_0)$ ，即 $f'_+(x_0) = \lim\limits_{\Delta x \to 0^+} \dfrac{\Delta y}{\Delta x}$, $f'_-(x_0) = \lim\limits_{\Delta x \to 0^-} \dfrac{\Delta y}{\Delta x}$.

由极限概念可以得出结论：函数 $y = f(x)$ 在点 x_0 处的左导数与右导数都存在且相等，是函数 $y = f(x)$ 在点 x_0 处导数存在的充分必要条件，即 $f'(x_0) = A \Leftrightarrow f'_-(x_0) = f'_+(x_0) = A$.

例 4 $f(x) = \begin{cases} \sin x, & x < 0 \\ x, & x \geq 0 \end{cases}$ ，求 $f'(0)$.

解 $\lim\limits_{x \to 0^-} \dfrac{f(x) - f(0)}{x - 0} = \lim\limits_{x \to 0^-} \dfrac{\sin x - 0}{x} = \lim\limits_{x \to 0^-} \dfrac{\sin x}{x} = 1$,

$\lim\limits_{x \to 0^+} \dfrac{f(x) - f(0)}{x - 0} = \lim\limits_{x \to 0^+} \dfrac{x - 0}{x} = \lim\limits_{x \to 0^+} \dfrac{x}{x} = 1$.

因为 $\lim\limits_{x \to 0^-} \dfrac{f(x) - f(0)}{x - 0} = \lim\limits_{x \to 0^+} \dfrac{f(x) - f(0)}{x - 0} = 1$ ，

所以 $f'(0) = 1$.

四、可导与连续的关系

在上一章中还有一个非常重要的概念是"连续"，连续和导数之间也有着密不可分的关系，即如果函数 $y = f(x)$ 在点 x_0 处可导，则函数 $y = f(x)$ 在该点处必连续；但是，如果函数 $y = f(x)$ 在点 x_0 处连续，则函数 $y = f(x)$ 在该点处不一定可导. 例如，函数 $y = \sqrt[3]{x}$ 在区间 $(-\infty, +\infty)$ 内连续，但是在点 $x = 0$ 处不可导. 这是因为在点 $x = 0$ 处，有 $\lim\limits_{\Delta x \to 0} \dfrac{\Delta y}{\Delta x} = \lim\limits_{\Delta x \to 0} \dfrac{f(0 + \Delta x) - f(0)}{\Delta x} = \lim\limits_{\Delta x \to 0} \dfrac{\sqrt[3]{\Delta x} - 0}{\Delta x} = \lim\limits_{\Delta x \to 0} \dfrac{1}{\Delta x^{\frac{2}{3}}} = +\infty$ ，因此导数不存在. 其几何意义是曲线 $y = \sqrt[3]{x}$ 在原点处具有垂直于 x 轴的切线 $x = 0$（图 2-2）.

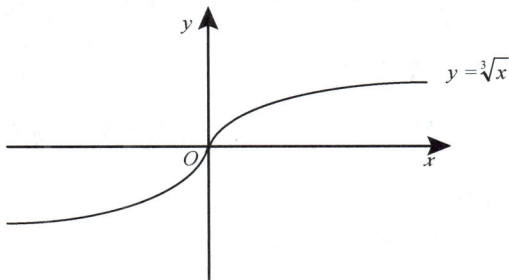

图 2-2

第二节　导数运算

本节将介绍基本初等函数的导数公式和导数运算法则，利用它们可以求复合函数及隐函数的导数.

一、导数公式

我们以函数 $f(x) = x$ 为例，计算其导函数.

根据导数的定义

$$\lim_{\Delta x \to 0} \frac{\Delta y}{\Delta x} = \lim_{\Delta x \to 0} \frac{f(x + \Delta x) - f(x)}{\Delta x} = \lim_{\Delta x \to 0} \frac{(x + \Delta x) - x}{\Delta x} = \lim_{\Delta x \to 0} \frac{\Delta x}{\Delta x} = 1,$$

因此可得 $f(x) = x$ 的导函数 $f'(x) = 1$.

又例如 $f(x) = x^2$，根据导数的定义

$$\lim_{\Delta x \to 0} \frac{\Delta y}{\Delta x} = \lim_{\Delta x \to 0} \frac{f(x + \Delta x) - f(x)}{\Delta x} = \lim_{\Delta x \to 0} \frac{(x + \Delta x)^2 - x^2}{\Delta x} = \lim_{\Delta x \to 0} \frac{\Delta x^2 + 2x\Delta x}{\Delta x} = \lim_{\Delta x \to 0} (\Delta x + 2x) = 2x,$$

因此可得 $f(x) = x^2$ 的导函数 $f'(x) = 2x$.

由此可见，导数的定义不仅仅可以用来计算函数 $y = f(x)$ 在点 x_0 处的导数 $f'(x_0)$，还可以计算函数 $y = f(x)$ 的导函数 $f'(x)$. 下面介绍基本初等函数的导函数，可以直接用作公式，有兴趣的同学可以自己尝试证明.

常见初等函数的导数如下：

(1) $(C)' = 0$（C 为任意常数）；　　　　(2) $(x^{\alpha})' = \alpha x^{\alpha - 1}$；

(3) $(a^x)' = a^x \ln a$；　　　　　　　　　(4) $(e^x)' = e^x$；

(5) $(\log_a x)' = \dfrac{1}{x \ln a}$；　　　　　　(6) $(\ln x)' = \dfrac{1}{x}$；

(7) $(\sin x)' = \cos x$；　　　　　　　　(8) $(\cos x)' = -\sin x$；

(9) $(\tan x)' = \dfrac{1}{\cos^2 x} = \sec^2 x$；　　(10) $(\cot x)' = -\dfrac{1}{\sin^2 x} = -\csc^2 x$；

(11) $(\sec x)' = \tan x \cdot \sec x$；　　　　(12) $(\csc x)' = -\cot x \cdot \csc x$.

二、导数运算法则

大多数函数都是由一些基本初等函数经过运算而形成的，例如 $y = x^4 - \dfrac{1}{x} + \sqrt{x} + 5$ 与 $y = e^x \sin x$ 等，这些函数的导函数又该如何求呢？下面介绍导数的运算法则.

设 $f(x)$ 和 $g(x)$ 在点 x 处可导，则 $f(x) \pm g(x)$、$f(x) \cdot g(x)$、$\dfrac{f(x)}{g(x)}[g(x) \neq 0]$ 在点 x 处也可导，且有

法则 1　$[f(x) \pm g(x)]' = f'(x) \pm g'(x)$.

法则 2　$[f(x) \cdot g(x)]' = f'(x)g(x) + f(x)g'(x)$.

法则 3　$[kf(x)]' = kf'(x)$（法则 3 是法则 2 的特殊情况）.

法则 4　$\left[\dfrac{f(x)}{g(x)}\right]' = \dfrac{f'(x)g(x) - f(x)g'(x)}{[g(x)]^2}$.

其中法则 1 与法则 2 可以推广到有限多个可导函数的情景.

例 1　设 $y = x^4 - \dfrac{1}{x} + \sqrt{x} + 5$ ，求 y'.

解　$y' = \left(x^4 - \dfrac{1}{x} + \sqrt{x} + 5\right)'$

$\qquad = (x^4)' - \left(\dfrac{1}{x}\right)' + (\sqrt{x})' + (5)'$

$\qquad = 4x^3 + \dfrac{1}{x^2} + \dfrac{1}{2\sqrt{x}}$.

例 2　设 $y = \mathrm{e}^x \sin x$ ，求 y'.

解　$y' = (\mathrm{e}^x \sin x)'$

$\qquad = (\mathrm{e}^x)' \sin x + \mathrm{e}^x (\sin x)'$

$\qquad = \mathrm{e}^x \sin x + \mathrm{e}^x \cos x$.

例 3　设 $y = \dfrac{x - 1}{x + 1}$ ，求 y'.

解　$y' = \dfrac{(x - 1)'(x + 1) - (x - 1)(x + 1)'}{(x + 1)^2}$

$\qquad = \dfrac{1 \times (x + 1) - (x - 1) \times 1}{(x + 1)^2}$

$\qquad = \dfrac{2}{(x + 1)^2}$.

三、复合函数导数

到目前为止，我们已经掌握了一些函数的求导方法，但这是远远不够的，例如函数 $f(x) = (2x + 3)^3$、$f(x) = \mathrm{e}^{x^5}$ 等，这样的函数如何求导数呢？我们称形如 $f[g(x)]$ 的函数为复合函数，下面介绍复合函数的求导方法.

定理　如果函数 $u = g(x)$ 在点 x 处可导，函数 $y = f(u)$ 在点 u 处可导，则复合函数 $y = f[g(x)]$ 在点 x 处可导，且其导数为 $y' = f'(u) \cdot g'(x)$ 或 $\dfrac{\mathrm{d}y}{\mathrm{d}x} = \dfrac{\mathrm{d}y}{\mathrm{d}u} \cdot \dfrac{\mathrm{d}u}{\mathrm{d}x}$.

从定理中可以发现，求复合函数 $y = f[g(x)]$ 的导数，实际上就是找到复合函数的内函数 $g(x)$ 和外函数 $f(u)$，然后先分别求导，再相乘即可. 这个法则也可推广到有限个函数复合的情景上.

例 4　设 $y = (2x + 5)^3$ ，求 y'.

解　函数 $y = (2x + 5)^3$ 可以看作由 $y = u^3$ 和 $u = 2x + 5$ 复合而成，

则 $y' = y_u' \cdot u_x' = 3u^2 \cdot 2 = 6(2x + 5)^2$.

例 5　设 $y = \mathrm{e}^{x^5}$ ，求 y'.

解　函数 $y = \mathrm{e}^{x^5}$ 可以看作由 $y = \mathrm{e}^u$ 和 $u = x^5$ 复合而成，

则 $y' = y_u' \cdot u_x' = \mathrm{e}^u \cdot 5x^4 = 5x^4 \mathrm{e}^{x^5}$.

例 6　设 $y = \sqrt{1 - x^2}$ ，求 y'.

解 函数 $y = \sqrt{1-x^2}$ 可以看作由 $y = \sqrt{u}$ 和 $u = 1-x^2$ 复合而成，

则 $y' = y'_u \cdot u'_x = \dfrac{1}{2\sqrt{u}} \cdot (-2x) = -\dfrac{x}{\sqrt{1-x^2}}$.

例 7 设 $y = \ln\sin x^2$，求 y'.

解 函数 $y = \ln\sin x^2$ 可以看作由 $y = \ln u$，$u = \sin v$ 和 $v = x^2$ 复合而成，

则 $y' = y'_u \cdot u'_v \cdot v'_x = \dfrac{1}{u} \cdot \cos v \cdot 2x = \dfrac{2x\cos x^2}{\sin x^2} = 2x\cot x^2$.

即学即练 2 −1

设函数 $y = f(u)$ 可导的，且 $u = x^2$，则 $y' = (\quad)$.

答案解析　A. $f'(x^2)$　　　B. $xf'(x^2)$　　　C. $2xf'(x^2)$　　　D. $x^2 f'(x^2)$

四、隐函数导数

1. 隐函数的定义 如果变量 x 与 y 之间的函数关系，是由一个方程 $F(x,y) = 0$ 所确定的，这样的函数叫作隐函数，例如：$x + y^3 - 1 = 0$，$x^2 + y^2 = 1$，$e^y + xy - 5 = 0$ 等都是隐函数．我们把前面学过的 $y = f(x)$ 这种形式的函数叫作显函数．

2. 隐函数的求导 对隐函数求导，首先想到的是将隐函数转化为显函数，例如 $x + y^3 - 1 = 0$ 可以转化为 $y = \sqrt[3]{1-x}$，然后就可以进行求导，这种将隐函数化成显函数的方法叫作隐函数显化．事实上，大多数隐函数很难显化，下面介绍隐函数的求导方法．

在方程 $F(x,y) = 0$ 中，两边同时对自变量 x 求导，遇到 y 时，把 y 看作 x 的函数，按照复合函数的求导法则对 y 进行求导，这样就得到一个关于 y' 的方程，解出 y'，即得到隐函数的导数．这种方法的好处是不用进行隐函数显化．

例 8 求由方程 $x^2 + y^2 = 1$ 所确定的隐函数的导数 $\dfrac{\mathrm{d}y}{\mathrm{d}x}$.

解 方程两边对 x 求导，得

$$(x^2)' + (y^2)' = (1)'$$
$$2x + 2y \cdot y' = 0$$

从方程中解出 y'，得 $y' = -\dfrac{x}{y}$.

例 9 求由方程 $e^y + xy - e = 0$ 所确定的隐函数的导数 $\dfrac{\mathrm{d}y}{\mathrm{d}x}$.

解 方程两边对 x 求导，得

$$(e^y)' + (xy)' - (e)' = (0)'$$
$$e^y \cdot y' + y + x \cdot y' = 0$$

从方程中解出 y'，得 $y' = -\dfrac{y}{x + e^y}$.

注：隐函数的导数 y' 中允许含有函数 y.

五、二阶导数

通过前面的学习，我们发现函数 $y = f(x)$ 的导函数 $f'(x)$ 仍然是 x 的函数，所以仍然可以对 $f'(x)$ 进行求导，如果 $f'(x)$ 的导函数存在，就把 $f'(x)$ 的导函数叫作函数 $y = f(x)$ 的二阶导数，记作 y'' 或 $f''(x)$.

例 10　求函数 $y = x\cos x$ 的二阶导数 y''.

解　先求一阶导数，$y' = \cos x + x(-\sin x) = \cos x - x\sin x$，

　　　　再求二阶导数，$y'' = -\sin x - \sin x - x\cos x = -2\sin x - x\cos x$.

例 11　求函数 $f(x) = \ln(1 + x)$ 的二阶导数 $f''(x)$.

解　先求一阶导数，$f'(x) = \dfrac{1}{1 + x} \cdot (1 + x)' = \dfrac{1}{1 + x}$，

　　　　再求二阶导数，$f''(x) = -\dfrac{1}{(1 + x)^2} \cdot (1 + x)' = -\dfrac{1}{(1 + x)^2}$.

第三节　洛必达法则

PPT

在第一章中，我们学习了如何求函数极限，但有些函数用前面的方法求极限是无效的，例如 $\lim\limits_{x \to +\infty} \dfrac{\ln x}{x}$. 本节将介绍如何利用导数求极限，即"洛必达法则".

一、未定式极限

在极限的计算中，常常会遇到一些特殊形式，例如 $\lim\limits_{x \to +\infty} \dfrac{\ln x}{x}$，当 $x \to +\infty$ 时，分子分母都趋向 ∞，我们把这种形式的极限简记为 "$\dfrac{\infty}{\infty}$" 型，同样，还有 "$\dfrac{0}{0}$" 型、"$0 \cdot \infty$" 型等形式，通常称这类极限为未定式极限.

下面介绍的洛必达法则可以有效地解决计算这一类极限的问题.

二、洛必达法则求极限

1. "$\dfrac{0}{0}$" 型未定式极限

法则 1　如果函数 $f(x)$ 与 $g(x)$ 满足以下关系：

（1）$\lim\limits_{x \to a} f(x) = \lim\limits_{x \to a} g(x) = 0$；

（2）$f'(x)$ 与 $g'(x)$ 在点 a 的某一邻域内（a 点可以除外）均存在，且 $g'(x) \neq 0$；

（3）$\lim\limits_{x \to a} \dfrac{f'(x)}{g'(x)} = A$（或 ∞）.

那么 $\lim\limits_{x \to a} \dfrac{f(x)}{g(x)} = \lim\limits_{x \to a} \dfrac{f'(x)}{g'(x)} = A$（或 ∞）.

注：对于 $x \to \infty$ 时的 "$\dfrac{0}{0}$" 型未定式极限，此法则仍成立.

例1 求极限 $\lim\limits_{x\to 3}\dfrac{x^2-9}{x-3}$.

解 所给极限为"$\dfrac{0}{0}$"型, 且满足洛必达法则条件, 故有

$$原式 = \lim_{x\to 3}\frac{(x^2-9)'}{(x-3)'} = \lim_{x\to 3}\frac{2x}{1} = 6.$$

例2 求极限 $\lim\limits_{x\to 0}\dfrac{x-\sin x}{x^3}$.

解 所给极限为"$\dfrac{0}{0}$"型, 且满足洛必达法则条件, 故有

$$原式 = \lim_{x\to 0}\frac{(x-\sin x)'}{(x^3)'} = \lim_{x\to 0}\frac{1-\cos x}{3x^2} = \lim_{x\to 0}\frac{\sin x}{6x} = \frac{1}{6}\lim_{x\to 0}\frac{\sin x}{x} = \frac{1}{6}.$$

如果利用洛必达法则之后, 所得到的导数之比的极限仍是"$\dfrac{0}{0}$"型, 且继续满足洛必达法则条件, 那么可以重复使用洛必达法则. 洛必达法则还可以和其他求极限的方法综合使用.

例3 求极限 $\lim\limits_{x\to 0}\dfrac{e^x-e^{-x}-2x}{x-\sin x}$.

解 所给极限为"$\dfrac{0}{0}$"型, 且满足洛必达法则条件, 故有

$$原式 = \lim_{x\to 0}\frac{(e^x-e^{-x}-2x)'}{(x-\sin x)'} = \lim_{x\to 0}\frac{e^x+e^{-x}-2}{1-\cos x} = \lim_{x\to 0}\frac{e^x-e^{-x}}{\sin x} = \lim_{x\to 0}\frac{e^x+e^{-x}}{\cos x} = 2.$$

即学即练2-2

极限 $\lim\limits_{x\to 1}\dfrac{x^3-3x+2}{x^3-x^2-x+1} = (\quad)$.

A. 1   B. 3   C. 2   D. $\dfrac{3}{2}$

答案解析

2. "$\dfrac{\infty}{\infty}$"型未定式极限

法则2 如果函数 $f(x)$ 与 $g(x)$ 满足以下关系:

(1) $\lim\limits_{x\to a}f(x) = \lim\limits_{x\to a}g(x) = \infty$;

(2) $f'(x)$ 与 $g'(x)$ 在点 a 的某一邻域内 (a 点可以除外) 均存在, 且 $g'(x)\neq 0$;

(3) $\lim\limits_{x\to a}\dfrac{f'(x)}{g'(x)} = A$ (或 ∞).

那么 $\lim\limits_{x\to a}\dfrac{f(x)}{g(x)} = \lim\limits_{x\to a}\dfrac{f'(x)}{g'(x)} = A$ (或 ∞).

注: 对于 $x\to\infty$ 时的"$\dfrac{\infty}{\infty}$"型未定式极限, 此法则仍成立.

因此, 洛必达法则的条件是"$\dfrac{0}{0}$型和$\dfrac{\infty}{\infty}$型"; 洛必达法则的结论是"$\lim\dfrac{f(x)}{g(x)} = \lim\dfrac{f'(x)}{g'(x)}$".

例4 求极限 $\lim\limits_{x\to +\infty}\dfrac{\ln x}{x^2}$.

解 所给极限为"$\frac{\infty}{\infty}$"型，且满足洛必达法则条件，故有

$$原式 = \lim_{x \to +\infty} \frac{(\ln x)'}{(x^2)'} = \lim_{x \to +\infty} \frac{\frac{1}{x}}{2x} \lim_{x \to +\infty} \frac{1}{2x^2} = 0.$$

例 5 求极限 $\lim\limits_{x \to \infty} \dfrac{5x^2 + x}{x^2 + 2}$.

解 所给极限为"$\frac{\infty}{\infty}$"型，且满足洛必达法则条件，故有

$$原式 = \lim_{x \to \infty} \frac{(5x^2 + x)'}{(x^2 + 2)'} = \lim_{x \to \infty} \frac{10x + 1}{2x} = \lim_{x \to \infty} \frac{10}{2} = 5.$$

注：本题也可以采用数列极限的计算方法，直接求解得5.

三、其他形式的未定式极限

未定式必须是"$\frac{0}{0}$"型和"$\frac{\infty}{\infty}$"型才能使用洛必达法则，对于未定式"$0 \cdot \infty$"型和"$\infty - \infty$"型就不能直接使用洛必达法则，但是可以通过适当的变形将它转化为"$\frac{0}{0}$"型或"$\frac{\infty}{\infty}$"型，然后就可以使用洛必达法则了.

例 6 求极限 $\lim\limits_{x \to 0^+} \sin x \cdot \ln x$.

解 这是"$0 \cdot \infty$"型未定式，应先将函数变形，化为"$\frac{\infty}{\infty}$"型未定式，再用洛必达法则，故有

$$原式 = \lim_{x \to 0^+} \frac{\ln x}{\frac{1}{\sin x}} = \lim_{x \to 0^+} \frac{\ln x}{\frac{1}{x}} = \lim_{x \to 0^+} \frac{\frac{1}{x}}{-\frac{1}{x^2}} = -\lim_{x \to 0^+} x = 0.$$

注：在使用洛必达法则之前，进行了等价无穷小代换，这样求导数就更简单便捷了.

例 7 求极限 $\lim\limits_{x \to 0} \left(\dfrac{1}{x} - \dfrac{1}{e^x - 1} \right)$.

解 这是"$\infty - \infty$"型未定式，应先将函数通分，化为"$\frac{0}{0}$"型未定式，再用洛必达法则，故有

$$原式 = \lim_{x \to 0} \frac{e^x - 1 - x}{x(e^x - 1)} = \lim_{x \to 0} \frac{e^x - 1}{e^x - 1 + xe^x} = \lim_{x \to 0} \frac{e^x}{e^x + e^x + xe^x} = \frac{1}{2}.$$

注：本题也可以和上一例题一样，在使用洛必达法则之前，先进行等价无穷小代换，这样求导数相对更简单.

$$另解 原式 = \lim_{x \to 0} \frac{e^x - 1 - x}{x(e^x - 1)} = \lim_{x \to 0} \frac{e^x - 1 - x}{x^2} = \lim_{x \to 0} \frac{e^x - 1}{2x} = \lim_{x \to 0} \frac{x}{2x} = \frac{1}{2}.$$

第四节 函数单调性与极值

在初等数学中判断函数单调性是比较麻烦的，现在能用导数很好地解决这个问题，为此给出判定函数单调增减性的法则.

一、函数的单调性

从图 2-3 和图 2-4 中观察函数 $f(x)$ 和 $g(x)$，可以看出，函数 $f(x)$ 在定义域中是增函数，函数 $g(x)$ 在定义域中是减函数，下面我们看一看，如何用导数的知识判断函数的单调性.

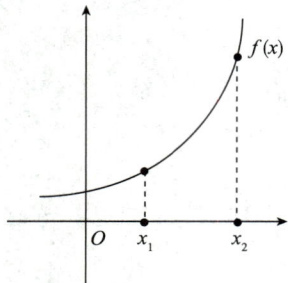

图 2-3

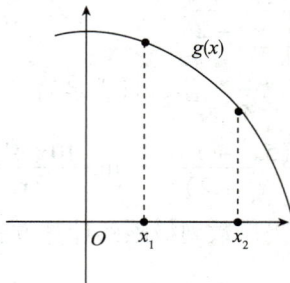

图 2-4

如图 2-5 和图 2-6 所示，在函数 $f(x)$ 和 $g(x)$ 的图像上任取一点 P，过 P 点作切线，可以看出，函数 $f(x)$ 在 P 点的切线斜率为正，函数 $g(x)$ 在 P 点的切线斜率为负，因此，$f(x)$ 在区间 (a,b) 内任一点的斜率都是正的，即 $f'(x) > 0$；$g(x)$ 在区间 (a,b) 内任一点的斜率都是负的，即 $g'(x) < 0$.

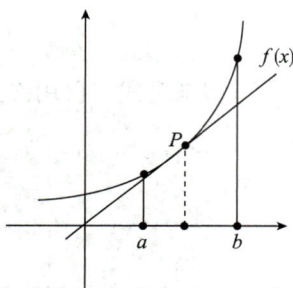

图 2-5

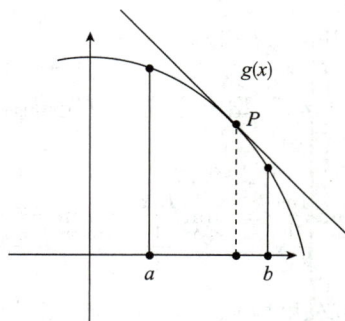

图 2-6

定理 1（单调性的判定法） 设函数 $f(x)$ 在区间 (a,b) 内可导，

（1）如果在 (a,b) 内有 $f'(x) > 0$，那么 $f(x)$ 在 (a,b) 内为单调增函数；

（2）如果在 (a,b) 内有 $f'(x) < 0$，那么 $f(x)$ 在 (a,b) 内为单调减函数.

例 1 求函数 $f(x) = 2x^3 - 9x^2 + 12x - 3$ 的单调区间.

解 $f(x)$ 的定义域为 $(-\infty, +\infty)$，

导数为 $f'(x) = 6x^2 - 18x + 12 = 6(x-1)(x-2)$，

令 $f'(x) = 0$，得 $x_1 = 1, x_2 = 2$.

当 $-\infty < x < 1$ 时，$f'(x) > 0$，函数 $f(x)$ 在 $(-\infty, 1)$ 上单调增加；

当 $1 < x < 2$ 时，$f'(x) < 0$，函数 $f(x)$ 在 $(1,2)$ 上单调减少；

当 $2 < x < +\infty$ 时，$f'(x) > 0$，函数 $f(x)$ 在 $(2, +\infty)$ 上单调增加.

故函数 $f(x)$ 的增区间为 $(-\infty, 1)$ 和 $(2, +\infty)$；减区间为 $(1,2)$.

例 2 讨论函数 $y = \sqrt[3]{x^2}$ 的单调性.

解　$y = \sqrt[3]{x^2}$ 的定义域为 $(-\infty, +\infty)$,

　　导数为 $y' = \dfrac{2}{3\sqrt[3]{x}}$ $(x \neq 0)$,

　　在 $(-\infty, 0)$ 上, 导数 $y' = \dfrac{2}{3\sqrt[3]{x}} < 0$, 故函数在 $(-\infty, 0)$ 上单调减;

　　在 $(0, +\infty)$ 上, 导数 $y' = \dfrac{2}{3\sqrt[3]{x}} > 0$, 故函数在 $(0, +\infty)$ 上单调增.

▶▶ 实例分析

实例　心脏是人体的重要器官, 其主要功能是为血液流动提供动力, 使血液运行至身体各个部分. 血液由左心室射出, 经主动脉流到全身的毛细血管, 在此与组织液进行物质交换, 供给身体氧和营养物质, 运走二氧化碳和代谢产物, 动脉血变为静脉血, 再经静脉流回右心房, 这就是心脏的功能. 血压是血液在血管内流动时作用于血管壁的压力, 是推动血液在血管内流动的动力. 血压的大小、血液循环的速度, 反映了一个人身体健康的状况.

问题　医生为某位心脏病患者建立了在心脏收缩一个周期内的血压 P 的数学模型: $P = \dfrac{25t^2 + 123}{t^2 + 1}$, t 表示血液从心脏流出的时间. 问患者在心脏收缩的一个周期内, 血压是单调增加还是单调减少?（P 单位: mmHg; t 单位: s）

答案解析

二、函数的极值

现在不妨观察一下函数 $f(x) = 2x^3 - 9x^2 + 12x - 3$ 的图像（图 2-7）, 可以看出函数图像在哪个区间是上升的, 在哪个区间是下降的, 还可以知道函数图像是在哪一点实现这种转变的, 为此我们给出极值的定义.

定义　设函数 $f(x)$ 在点 x_0 的某邻域内有定义, 如果对于此邻域内异于 x_0 的任何 x 值, 均有 $f(x) < f(x_0)$, 那么称函数值 $f(x_0)$ 为函数 $f(x)$ 的极大值, 点 x_0 叫作函数 $f(x)$ 的极大值点; 如果对于此邻域内异于 x_0 的任何 x 值, 均有 $f(x) > f(x_0)$, 那么称函数值 $f(x_0)$ 为函数 $f(x)$ 的极小值, 点 x_0 叫作函数 $f(x)$ 的极小值点. 函数的极大值和极小值统称为极值, 极大值点和极小值点统称为极值点.

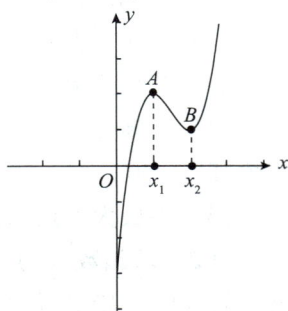

图 2-7

从图像上可以看出, 点 x_1 为函数 $f(x) = 2x^3 - 9x^2 + 12x - 3$ 的极大值点, 点 x_2 为函数 $f(x) = 2x^3 - 9x^2 + 12x - 3$ 的极小值点. 从图像上还可以看出, 极值是函数的局部概念; 极值点是函数单调增与单调减的分界点.

1. 极值的必要条件　如果函数 $f(x)$ 在点 x_0 处具有导数, 且在点 x_0 处取得极值, 那么函数 $f(x)$ 在点 x_0 处的导数 $f'(x_0) = 0$.

我们把使导数等于零的点称为函数的驻点, 即当 $f'(x_0) = 0$ 时点 x_0 叫作驻点, 因此, 极值点一定是驻点, 但是驻点不一定是极值点. 例如函数 $f(x) = x^3$, 当 $x = 0$ 时 $f'(x) = 0$, 即点 $x = 0$ 是驻点, 然而从图 2-8 可以看出, 函数 $f(x) = x^3$ 在点 $x = 0$ 处的单调性并没有发生改变, 因此, 点 $x = 0$ 不是极值点.

另外，函数在不可导点处，可能取得极值也可能不取得极值. 例如函数 $f(x) = |x|$，点 $x = 0$ 是函数 $f(x) = |x|$ 的不可导点，但却是极值点，如图 2-9 所示.

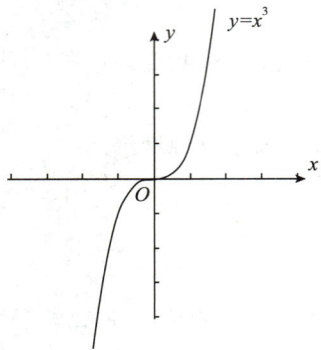

图 2-8

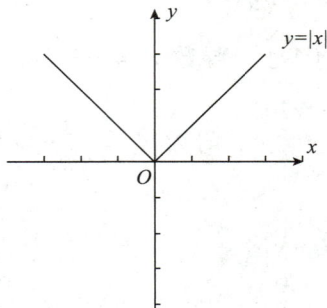

图 2-9

因此，极值点一定是驻点或不可导点；反之，驻点或不可导点不一定是极值点.

2. 极值的充分条件 如何判断一个驻点或不可导点是否为极值点呢？我们发现，若驻点或不可导点的左、右两侧一阶导数变号，则该点为极值点，函数有极值；否则，该点不是极值点，函数无极值. 下面给出函数是否有极值的两个判定定理.

定理 2（极值的第一判定法） 设函数 $f(x)$ 在点 x_0 的某一邻域内有导数，且 $f'(x_0) = 0$ 或 $f'(x_0)$ 不存在：

（1）若当 $x < x_0$ 时，有 $f'(x) > 0$；当 $x > x_0$ 时，有 $f'(x) < 0$，则 $f(x)$ 在点 x_0 处取得极大值 $f(x_0)$，点 x_0 是极大值点；

（2）若当 $x < x_0$ 时，有 $f'(x) < 0$；当 $x > x_0$ 时，有 $f'(x) > 0$，则 $f(x)$ 在点 x_0 处取得极小值 $f(x_0)$，点 x_0 是极小值点；

（3）若当 $x < x_0$ 时和当 $x > x_0$ 时，$f'(x)$ 不变号，则 $f(x)$ 在点 x_0 处无极值，点 x_0 不是极值点.

由极值的必要条件和极值的第一判定法可知求极值的步骤如下：

（1）求函数 $f(x)$ 的定义域；

（2）求函数 $f(x)$ 的导数 $f'(x)$；

（3）找出全部驻点和不可导点；

（4）判断导数 $f'(x)$ 在驻点和不可导点左、右两侧的符号，并根据第一判定法说明 $f(x)$ 是否有极大值和极小值；

（5）将极大值点和极小值点代入 $f(x)$ 中，计算出相应的极大值和极小值.

例 3 求函数 $f(x) = 2x^3 - 9x^2 + 12x - 3$ 的极值.

解 $f(x)$ 定义域为 $(-\infty, +\infty)$，

对函数求导，$f'(x) = 6x^2 - 18x + 12 = 6(x-1)(x-2)$，

令 $f'(x) = 0$，解得 $x_1 = 1, x_2 = 2$.

列表讨论如下：

x	$(-\infty, 1)$	1	$(1,2)$	2	$(2, +\infty)$
$f'(x)$	+	0	−	0	+
$f(x)$	↗	极大值	↘	极小值	↗

所以 $f(x)$ 的极大值为 $f(1) = 2$，$f(x)$ 的极小值为 $f(2) = 1$.

例 4　求函数 $f(x) = \dfrac{1}{3}x^3 - x^2 + 1$ 的极值.

解　$f(x)$ 定义域为 $(-\infty, +\infty)$，

对函数求导，$f'(x) = x^2 - 2x = x(x - 2)$，

令 $f'(x) = 0$，解得 $x_1 = 0, x_2 = 2$.

列表讨论如下：

x	$(-\infty, 0)$	0	$(0,2)$	2	$(2, +\infty)$
$f'(x)$	+	0	−	0	+
$f(x)$	↗	极大值	↘	极小值	↗

所以 $f(x)$ 的极大值为 $f(0) = 1$，$f(x)$ 的极小值为 $f(2) = -\dfrac{1}{3}$.

定理 3（极值的第二判定法）　如果函数 $f(x)$ 在点 x_0 处有二阶导数，且 $f'(x_0) = 0$，$f''(x_0) \neq 0$，则有

（1）当 $f''(x_0) < 0$ 时，$f(x)$ 在点 x_0 处取得极大值 $f(x_0)$，点 x_0 是极大值点；

（2）当 $f''(x_0) > 0$ 时，$f(x)$ 在点 x_0 处取得极小值 $f(x_0)$，点 x_0 是极小值点.

例 5　求函数 $f(x) = x^3 + 3x^2 - 24x - 20$ 的极值.

解　因为 $f'(x) = 3x^2 + 6x - 24 = 3(x + 4)(x - 2)$，

令 $f'(x) = 0$，得驻点 $x_1 = -4, x_2 = 2$.

又 $f''(x) = 6x + 6$，

$f''(-4) = -18 < 0$，故极大值 $f(-4) = 60$，

$f''(2) = 18 > 0$，故极小值 $f(2) = -48$.

例 6　求函数 $f(x) = x^4$ 的极值.

解　因为 $f'(x) = 4x^3$，

令 $f'(x) = 0$，得驻点 $x = 0$.

又 $f''(x) = 12x^2$，

这时 $f''(0) = 0$，故不能使用极值的第二判定法.

使用极值的第一判定法，则有

当 $x < 0$ 时，$f'(x) = 4x^3 < 0$；当 $x > 0$ 时，$f'(x) = 4x^3 > 0$，

因此，$x = 0$ 为函数的极小值点，极小值为 $f(0) = 0$.

由此题可知：极值的第一判定法是基本方法，极值的第二判定法虽然方便，但是受到条件的限制，它只是第一判定法的补充.

三、函数的最值

1. 解析函数的最值　如果函数在闭区间上连续，那么它的最大值和最小值必然存在，又由于函数的最值可能在区间内部取得，也可能在区间端点取得，所以可按照以下步骤求最值：

（1）求函数的定义域；

（2）求函数的导数，并且找出一切驻点和不可导点；

（3）计算一切驻点和不可导点的函数值，计算端点的函数值；

（4）将上述各值进行比较，其中最大的就是函数的最大值，最小的就是函数的最小值.

例7 求函数 $y = 2x^3 + 3x^2 - 12x + 14$ 在 $[-3,4]$ 上的最大值与最小值.

解 $y' = 6x^2 + 6x - 12 = 6(x+2)(x-1)$，

令 $y' = 0$，得 $x_1 = -2, x_2 = 1$.

计算 $f(-3) = 23$；$f(-2) = 34$；$f(1) = 7$；$f(4) = 142$；

比较得出最大值为 $f(4) = 142$，最小值为 $f(1) = 7$.

注：对于开区间上的函数，如果有且仅有唯一的极大（或极小）值，则该极值就是此函数的最大（或最小）值.

2. 实际问题中函数的最值 在生产实践中，常常会遇到如何求"产量最高""成本最低""效率最大"等问题，就相当于求函数的最大（小）值．首先应该建立函数关系式，通常称之为建立目标函数，然后求出目标函数在定义区间内的驻点，如果驻点唯一，且实际意义又表明目标函数的最大（小）值存在，那么所求驻点就是函数的最大（小）值点，从而可利用数学模型解决实际生产中的最值问题.

例8 要做一个容积为 V 的圆柱形罐头桶，问如何设计材料最省？

解 设底面半径为 x，高为 h，

则表面积为 $S = 2\pi x^2 + 2\pi xh$.

因为体积 $V = \pi x^2 h$，所以 $h = \dfrac{V}{\pi x^2}$.

由此可得 $S = 2\pi x^2 + \dfrac{2\pi xV}{\pi x^2}$，

$S = 2\pi x^2 + \dfrac{2V}{x}, x > 0$——目标函数.

又因为 $S' = 4\pi x - \dfrac{2V}{x^2}$

令 $S' = 0$，得驻点 $x = \sqrt[3]{\dfrac{V}{2\pi}}$，且驻点是唯一的，

当 $x = \sqrt[3]{\dfrac{V}{2\pi}}$ 时，$h = 2\sqrt[3]{\dfrac{V}{2\pi}}$，即底面半径与高之比是 $1:2$.

故当罐头桶的底面直径与高相等时表面积最小，即所用材料最省.

例9 按 1mg/kg 的比率给小白鼠注射磺胺类药物，注射后的小白鼠血液中磺胺类药物的浓度可表示为函数 $y = f(t) = -1.06 + 2.59t - 0.77t^2$，其中 y 表示小白鼠血液中磺胺药物的浓度（g/100L），t 表示注射后经历的时间（min）．问 t 为何值时，小白鼠血液中磺胺药物的浓度 y 达到最大值？

解 对函数 $y = f(t) = -1.06 + 2.59t - 0.77t^2$ 求导.

$y' = 2.59 - 1.54t$.

令 $y' = 0$，得到驻点 $t = 1.682$.

又驻点 $t = 1.682$ 是唯一的，

所以 $t = 1.682$ 是最大值点，最大值 $y_{\max} = f(1.682) = 1.118$.

故当 $t = 1.682\text{min}$ 时，小白鼠血液中磺胺药物的浓度达到最大值 1.118g/100L.

第五节　函数凹凸性和拐点

研究函数单调性与极值，为我们描绘函数图形提供了重要依据．但是，只依赖这些知识还难以准确地描绘出函数图形来，如图 2 – 10 所示，都是单调增函数，但是曲线的弯曲方向是不一样的，由此可见，如果我们能确定曲线的弯曲方向，必然有助于准确地描绘出函数图形．

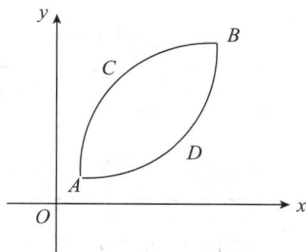

图 2 – 10

一、凹凸与拐点

定义　设函数 $f(x)$ 在区间 (a,b) 内连续，对区间 (a,b) 内任意两点 x_1 与 x_2，如果恒有 $f\left(\dfrac{x_1+x_2}{2}\right) < \dfrac{f(x_1)+f(x_2)}{2}$，那么称函数 $f(x)$ 在区间 (a,b) 内的图形是凹的（或凹弧）；如果恒有 $f\left(\dfrac{x_1+x_2}{2}\right) > \dfrac{f(x_1)+f(x_2)}{2}$ 那么称函数 $f(x)$ 在区间 (a,b) 内的图形是凸的（或凸弧），如图 2 – 11 所示．凹弧与凸弧的分界点，称为该曲线弧的拐点．

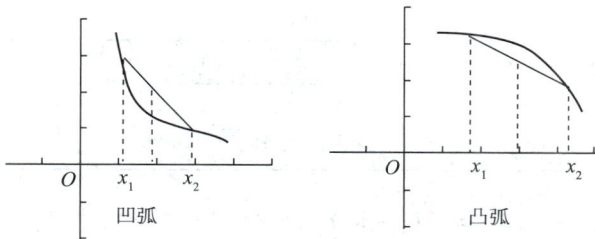

图 2 – 11

如何判断函数曲线的凹凸？又怎样求出函数曲线的拐点呢？与函数的单调性和极值相似，也可以使用导数来判定，但是需要使用二阶导数来判定．

定理（凹凸与拐点的判定法）　设函数 $f(x)$ 在区间 (a,b) 内具有二阶导数 $f''(x)$，

（1）如果在区间 (a,b) 内，有 $f''(x) > 0$，那么曲线 $f(x)$ 在该区间内是凹弧；

（2）如果在区间 (a,b) 内，有 $f''(x) < 0$，那么曲线 $f(x)$ 在该区间内是凸弧；

（3）设 x_0 为 (a,b) 内一点，如果在点 x_0 处的左、右两侧 $f''(x)$ 异号，那么点 $[x_0, f(x_0)]$ 为曲线 $f(x)$ 的拐点，此时 $f''(x_0) = 0$ 或 $f''(x_0)$ 不存在．

由此定理，我们给出判断曲线弧的凹凸性和求其拐点的一般步骤：

（1）求函数的定义域；

（2）求二阶导数 $f''(x)$；

（3）找出二阶导数 $f''(x)$ 等于零的点和二阶导数 $f''(x)$ 不存在的点；

（4）判断二阶导数 $f''(x)$ 在上述各点左、右两侧是否异号；

（5）左、右两侧 $f''(x)$ 异号，那么点 $[x_0, f(x_0)]$ 就为曲线弧的拐点；左、右两侧 $f''(x)$ 同号，那么点 $[x_0, f(x_0)]$ 就不是曲线的拐点．

例 1　求曲线 $f(x) = x^4 - 4x^3 + 2x - 5$ 的凹凸区间及拐点．

解　函数 $f(x)$ 的定义域为 $(-\infty, +\infty)$，

$$f'(x) = 4x^3 - 12x^2 + 2,$$

$$f''(x) = 12x^2 - 24x = 12x(x-2),$$

令 $f''(x) = 0$，得 $x_1 = 0$，$x_2 = 2$.

列表讨论如下：

x	$(-\infty, 0)$	0	$(0,2)$	2	$(2, +\infty)$
$f''(x)$	+	0	−	0	+
$f(x)$	凹	拐点	凸	拐点	凹

所以，曲线 $f(x)$ 在 $(-\infty, 0)$ 与 $(2, +\infty)$ 内是凹的，在 $(0,2)$ 内是凸的；拐点分别为 $(0, -5)$ 和 $(2, -17)$.

例 2　求曲线 $y = x^4 - 2x^3 + 1$ 的凹凸区间及拐点.

解　函数 $f(x)$ 的定义域为 $(-\infty, +\infty)$，

$$y' = 4x^3 - 6x^2,$$

$$y'' = 12x^2 - 12x = 12x(x-1),$$

令 $y'' = 0$，得 $x_1 = 0, x_2 = 1$.

列表讨论如下：

x	$(-\infty, 0)$	0	$(0,1)$	1	$(1, +\infty)$
$f''(x)$	+	0	−	0	+
$f(x)$	凹	拐点	凸	拐点	凹

所以，曲线的凹区间为 $(-\infty, 0)$ 与 $(1, +\infty)$，凸区间为 $(0,1)$，拐点为 $(0,1)$ 和 $(1,0)$.

二、曲线的渐近线

在生产实践中，我们常常需要借助函数模型，因此绘制函数图像是必不可少的，为了完整地描绘函数图形，除了要知道其单调性、凹凸性、极值和拐点等性态，还需要了解曲线无限远离坐标原点时的变化状况，如我们熟悉的函数 $f(x) = e^{-x}$，随着 x 不断增大，函数 $f(x)$ 图像无限接近于 x 轴，我们把曲线无限接近的直线叫作曲线的渐近线，这就是我们将要讨论的曲线渐近线问题，如图 2 – 12 所示.

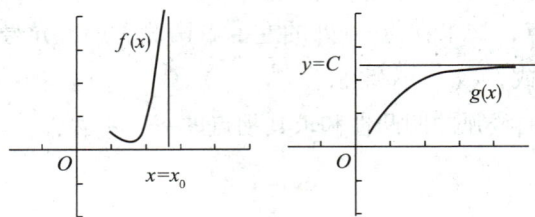

图 2 – 12

1. 水平渐近线　若 $\lim\limits_{x \to \infty} f(x) = C$ 或 $\lim\limits_{x \to +\infty} f(x) = C$ 或 $\lim\limits_{x \to -\infty} f(x) = C$，则称直线 $y = C$ 为曲线 $y = f(x)$ 的水平渐近线.

2. 垂直渐近线　若 $\lim\limits_{x \to x_0} f(x) = \infty$ 或 $\lim\limits_{x \to x_0^+} f(x) = \infty$ 或 $\lim\limits_{x \to x_0^-} f(x) = \infty$，则称直线 $x = x_0$ 为曲线 $y = f(x)$

的垂直渐近线.

例 3 求曲线 $y = \dfrac{1}{x^2 - 2x - 3}$ 的水平渐近线和垂直渐近线.

解 由于 $\lim\limits_{x \to \infty} \dfrac{1}{x^2 - 2x - 3} = 0$,

可知 $y = 0$ 是曲线 $y = \dfrac{1}{x^2 - 2x - 3}$ 的水平渐近线.

由于 $x^2 - 2x - 3 = (x + 1)(x - 3)$,可知当 $x = -1$ 及 $x = 3$ 时所给函数没有定义,

又由于 $\lim\limits_{x \to -1} \dfrac{1}{x^2 - 2x - 3} = \lim\limits_{x \to -1} \dfrac{1}{(x + 1)(x - 3)} = \infty$,

$\lim\limits_{x \to 3} \dfrac{1}{x^2 - 2x - 3} = \lim\limits_{x \to 3} \dfrac{1}{(x + 1)(x - 3)} = \infty$,

可知 $x = -1$ 和 $x = 3$ 是曲线 $y = \dfrac{1}{x^2 - 2x - 3}$ 的垂直渐近线.

三、描绘函数图像

综合前面对函数性态的讨论,能够比较准确地作出函数图像,一般步骤如下:

(1) 求函数的定义域;

(2) 讨论函数的奇偶性、周期性(若函数具有这两个性质,则可以缩小作图范围);

(3) 确定函数的单调区间、凹凸区间,并求出其极值和拐点;

(4) 考察函数曲线的渐近线;

(5) 求出函数曲线与坐标轴的交点以及容易得到的特殊点;

(6) 根据上述讨论结果,描绘出函数的图像.

例 4 描绘函数 $f(x) = x^3 - x^2 - x + 1$ 的图形.

解 函数 $f(x)$ 的定义域为 $(-\infty, +\infty)$,

$f'(x) = 3x^2 - 2x - 1 = (3x + 1)(x - 1)$,

$f''(x) = 6x - 2 = 2(3x - 1)$,

令 $f'(x) = 0$,得 $x = -\dfrac{1}{3}, x = 1$,

令 $f''(x) = 0$,得 $x = \dfrac{1}{3}$.

列表讨论如下:

x	$\left(-\infty, -\dfrac{1}{3}\right)$	$-\dfrac{1}{3}$	$\left(-\dfrac{1}{3}, \dfrac{1}{3}\right)$	$\dfrac{1}{3}$	$\left(\dfrac{1}{3}, 1\right)$	1	$(1, +\infty)$
$f'(x)$	+	0	−	−	−	0	+
$f''(x)$	−	−	−	0	+	+	+
$f(x)$	增且凸	极大值	减且凸	拐点	减且凹	极小值	增且凹
		$\dfrac{32}{27}$		$\left(\dfrac{1}{3}, \dfrac{16}{27}\right)$		0	

补充点:$A(-1, 0)$,$B(0, 1)$.

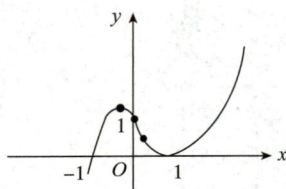

图 2-13

因此，函数 $f(x) = x^3 - x^2 - x + 1$ 的图形如图 2-13 所示.

例 5 描绘函数 $\varphi(x) = \dfrac{1}{\sqrt{2\pi}}e^{-\frac{x^2}{2}}$ 的图形.

解 函数 $\varphi(x)$ 的定义域为 $(-\infty, +\infty)$，

又 $\varphi(-x) = \varphi(x)$，函数是偶函数，图形关于 y 轴对称，

$$\varphi'(x) = -\frac{x}{\sqrt{2\pi}}e^{-\frac{x^2}{2}},$$

$$\varphi''(x) = \frac{(x+1)(x-1)}{\sqrt{2\pi}}e^{-\frac{x^2}{2}},$$

令 $\varphi'(x) = 0$，得 $x = 0$，

令 $\varphi''(x) = 0$，得 $x = -1$，$x = 1$.

列表讨论如下：

x	$(-\infty, -1)$	-1	$(-1, 0)$	0	$(0, 1)$	1	$(1, +\infty)$
$\varphi'(x)$	+	+	+	0	−	−	−
$\varphi''(x)$	+	0	−	−	−	0	+
$\varphi(x)$	增且凹	拐点 $\left(-1, \dfrac{1}{\sqrt{2\pi e}}\right)$	增且凸	极大值 $\dfrac{1}{\sqrt{2\pi}}$	减且凸	拐点 $\left(1, \dfrac{1}{\sqrt{2\pi e}}\right)$	减且凹

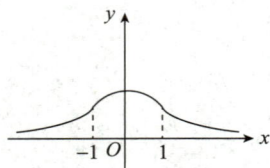

图 2-14

因为 $\lim\limits_{x\to\infty}\varphi(x) = \lim\limits_{x\to\infty}\dfrac{1}{\sqrt{2\pi}}e^{-\frac{x^2}{2}} = 0$，

所以水平渐近线为 $y = 0$，

因此，函数 $\varphi(x) = \dfrac{1}{\sqrt{2\pi}}e^{-\frac{x^2}{2}}$ 的图形如图 2-14 所示.

📱 **知识链接**

港珠澳大桥

港珠澳大桥是中国境内一座连接香港、广东珠海和澳门的跨海大桥，位于中国广东省珠江口伶仃洋海域内. 港珠澳大桥于 2009 年 12 月 15 日动工建设，2017 年 7 月 7 日实现主体工程全线贯通，10 月 24 日 9 时开通运营.

港珠澳大桥主桥为三座大跨度钢结构斜拉桥，每座主桥均有独特的艺术构思，其中青州航道桥的塔顶结构吸收了"中国结"文化元素，将最初的直角、直线造型曲线化，使桥塔显得纤巧灵动、精致优雅；江海直达船航道桥的主塔塔冠造型取自"白海豚"元素，与海豚保护区的海洋文化相结合；九洲航道桥的主塔造型取自"风帆"，寓意着"扬帆起航". 港珠澳大桥的曲线优美，犹如一条光滑的"函数曲线"，"拐点和凹凸区间"分明，整体如一条丝带一样纤细轻盈，把多个"拐点"串联起来，寓意着"珠联璧合". 港珠澳大桥桥体矫健轻盈，似长虹卧波，在风起云涌之间形成一道绚丽的风景线. 其独特的设计，不仅蕴含着自然之美，也蕴含着数学之美.

第六节　微　分

一、微分的概念

引例　一块正方形金属片受热，其边长由 x_0 增加到 $x_0 + \Delta x$，问此金属片的面积改变了多少？

解　如图 2-15 所示，设此正方形的边长为 x，面积为 A，则 $A = x^2$，金属片的面积改变量为 $\Delta A = (x_0 + \Delta x)^2 - x_0^2 = 2x_0 \Delta x + (\Delta x)^2$. 它由两部分组成，其中 $2x_0 \Delta x$ 是 Δx 的线性函数；第二部分 $(\Delta x)^2$，当 $\Delta x \to 0$ 时是比 Δx 高阶的无穷小，因此当 Δx 很小时，我们可以用 $2x_0 \Delta x$ 近似地代替 ΔA.

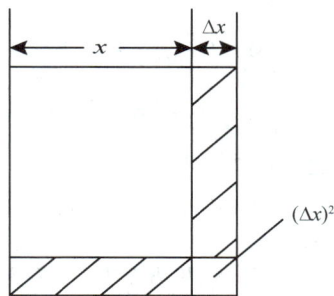

定义　设函数 $y = f(x)$ 在某区间内有定义，x 及 $x + \Delta x$ 在这区间内，如果函数的增量 $\Delta y = f(x + \Delta x) - f(x)$ 可表示为 $\Delta y = A\Delta x + o(\Delta x)$，其中 A 与 x 无关，则称函数 $y = f(x)$ 在点 x 处是可微的，并称 $A\Delta x$ 为函数 $y = f(x)$ 在点 x 处的微分，记作 $\mathrm{d}y$，即 $\mathrm{d}y = \mathrm{d}f(x) = A\Delta x$.

图 2-15

根据 $\Delta y = A\Delta x + o(\Delta x)$，可得 $A = \dfrac{\Delta y}{\Delta x} - \dfrac{o(\Delta x)}{\Delta x}$，当 $\Delta x \to 0$ 时，有 $A = \lim\limits_{\Delta x \to 0} \dfrac{\Delta y}{\Delta x} = f'(x)$，所以 $\mathrm{d}y = f'(x)\Delta x$. 通常把自变量 x 的增量 Δx 叫作自变量的微分，记作 $\mathrm{d}x$，即 $\mathrm{d}x = \Delta x$. 故函数 $y = f(x)$ 的微分又可记作 $\mathrm{d}y = f'(x)\mathrm{d}x$.

由上式可得 $\dfrac{\mathrm{d}y}{\mathrm{d}x} = f'(x)$，即函数的微分 $\mathrm{d}y$ 与自变量的微分 $\mathrm{d}x$ 之商等于该函数的导数，因此导数也叫作"微商".

二、微分的几何意义

如图 2-16 所示，在曲线 $y = f(x)$ 上取一点 $M(x, y)$，过点 M 作曲线的切线 MT，其倾斜角为 α，则切线的斜率为 $f'(x) = \tan\alpha$. 当自变量 x 有增量 Δx 时，就可得到曲线上另一点 $N(x + \Delta x, y + \Delta y)$，曲线的纵坐标 y 有增量 $\Delta y = NP$，同时点 M 处切线的纵坐标 y 也有一增量 TP，则 $TP = MP\tan\alpha = f'(x)\Delta x = \mathrm{d}y$.

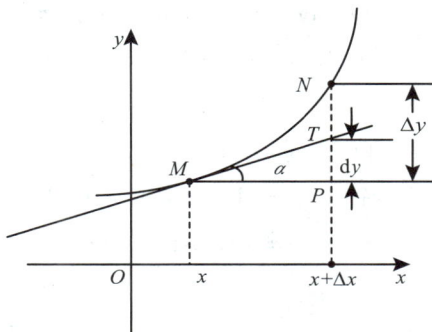

当函数增量 Δy 是曲线上的点的纵坐标增量时，函数微分 $\mathrm{d}y$ 就是曲线切线上点的纵坐标对应的增量. 因此，微分的几何意义是函数 $y = f(x)$ 在 x_0 点处的一个充分小的范围内，可用 x_0 点处的切线段的改变量近似代替 x_0 点处的曲线段的改变量.

图 2-16

三、微分基本公式与运算法则

根据微分定义及前面的导数公式与导数运算法则，可直接推出微分的基本公式和运算法则.

1. 微分的基本公式

(1) $d(C) = 0$(C 为常数);

(2) $d(x^\alpha) = \alpha x^{\alpha-1}dx$($\alpha$ 为实数);

(3) $d(a^x) = a^x \ln a dx$;

(4) $d(e^x) = e^x dx$;

(5) $d(\log_a x) = \dfrac{1}{x\ln a}dx$;

(6) $d(\ln x) = \dfrac{1}{x}dx$;

(7) $d(\sin x) = \cos x dx$;

(8) $d(\cos x) = -\sin x dx$;

(9) $d(\tan x) = \dfrac{1}{\cos^2 x}dx$;

(10) $d(\cot x) = -\dfrac{1}{\sin^2 x}dx$.

2. 微分的运算法则 设函数 $u = u(x)$,$v = v(x)$ 在点 x 处可微,则由导数的运算法则可推出微分的运算法则.

(1) $d(u \pm v) = du \pm dv$;

(2) $d(Cv) = Cdv$(C 为常数);

(3) $d(uv) = udv + vdu$;

(4) $d\left(\dfrac{u}{v}\right) = \dfrac{vdu - udv}{v^2}$($v \neq 0$).

四、微分形式的不变性

设函数 $y = f(u)$,$u = \varphi(x)$ 均是可微函数,则复合函数 $y = f[\varphi(x)]$ 也可微,且 $dy = f'(u)\varphi'(x)dx$.

由于 $du = \varphi'(x)dx$,所以上式又可写为 $dy = f'(u)du$,这一性质称为微分形式的不变性,利用这一性质可以计算复合函数的微分.

例 1 求函数 $y = \dfrac{\sin x}{x}$ 的微分 dy.

解 $dy = y'dx = \left(\dfrac{\sin x}{x}\right)'dx = \dfrac{x\cos x - \sin x}{x^2}dx$,

或 $dy = \dfrac{xd\sin x - \sin x dx}{x^2} = \dfrac{x\cos x - \sin x}{x^2}dx$.

例 2 求函数 $y = \sin(3x + 5)$ 的微分 dy.

解 设 $y = \sin u, u = 3x + 5$,

则 $dy = (\sin u)'du = \cos u du = \cos(3x + 5)d(3x + 5)$

$= 3\cos(3x + 5)dx$.

例 3 求函数 $y = e^{3x}\sin x$ 的微分 dy.

解 $dy = d(e^{3x})\sin x + e^{3x}d(\sin x) = \sin x \cdot e^{3x} \cdot d(3x) + e^{3x}\cos x dx$

$= e^{3x}(3\sin x + \cos x)dx$.

目标检测

答案解析

一、单项选择题

1. 设 $f(x)$ 在 x_0 处可导，则 $\lim\limits_{\Delta x \to 0} \dfrac{f(x_0 - \Delta x) - f(x_0)}{\Delta x}$ = （ ）.

   A. $f'(-x_0)$ B. $-f'(x_0)$ C. $f'(x_0)$ D. $2f'(x_0)$

2. 函数 $f(x)$ 在点 x_0 连续，是函数 $f(x)$ 在点 x_0 可导的 （ ）.

   A. 必要不充分条件   B. 充分不必要条件

   C. 充分必要条件   D. 既不充分也不必要条件

3. 函数 $f(x) = |x - 2|$ 在点 $x = 2$ 处的导数是 （ ）.

   A. 1   B. 0   C. 2   D. 不存在

4. 设 $y = x\ln x$ ，则 y' = （ ）.

   A. $\dfrac{1}{x}$ B. $1 + \ln x$ C. $-\dfrac{1}{x^2}$ D. $\dfrac{1}{x^2}$

5. 设 $y = \dfrac{x}{1 + x^2}$ ，则 y' = （ ）.

   A. $y' = \dfrac{1}{2x}$ B. $y' = \dfrac{1 + 3x^2}{(1 + x^2)^2}$

   C. $y' = \dfrac{1 - x^2}{(1 + x^2)^2}$ D. $y' = \dfrac{1 - x^2}{1 + x^2}$

6. 曲线 $y = 2x^3 - 5x^2 + 4x - 5$ 在点 $(2, -1)$ 处切线斜率等于 （ ）.

   A. 6   B. 8   C. -6 D. 12

7. 设 $y = f(u)$ 可导，且 $u = x^2$ ，则 $\dfrac{\mathrm{d}y}{\mathrm{d}x}$ = （ ）.

   A. $f'(x^2)$ B. $xf'(x^2)$ C. $2xf'(x^2)$ D. $x^2 f'(x^2)$

8. 设 $y = \mathrm{e}^{f(x)}$ 且 $f(x)$ 二阶可导，则 y'' = （ ）.

   A. $\mathrm{e}^{f(x)}$ B. $\mathrm{e}^{f(x)} f''(x)$

   C. $\mathrm{e}^{f(x)} [f'(x) f''(x)]$ D. $\mathrm{e}^{f(x)} \{[f'(x)]^2 + f''(x)\}$

9. 设 $y = \sin^3(2x + 1)$ ，则 $\mathrm{d}y$ = （ ）.

   A. $\mathrm{d}y = 6\sin^2(2x + 1)\cos(2x + 1)\mathrm{d}x$ B. $\mathrm{d}y = 2\cos^3(2x + 1)\mathrm{d}x$

   C. $\mathrm{d}y = 3\sin^2(2x + 1)\cos(2x + 1)\mathrm{d}x$ D. $\mathrm{d}y = 6\cos^2(2x + 1)\mathrm{d}x$

10. 当 $x < x_0$ 时 $f'(x) > 0$ ；当 $x > x_0$ 时 $f'(x) < 0$ ，则点 x_0 是函数 $f(x)$ 的 （ ）.

    A. 驻点   B. 不可导点   C. 极大值点   D. 极小值点

二、填空题

1. 曲线 $y = \ln x$ 在点 $P(\mathrm{e}, 1)$ 处的切线方程为 _____.

2. 若函数 $y = \mathrm{e}^x(\cos x + \sin x)$ ，则 $\mathrm{d}y$ = _____.

3. 函数 $y = x^2 + 1$ 在区间 $[0, 2]$ 是单调_____.

4. 函数 $y = (x - 1)^2$ 的极小值点是 _____.

5. 函数 $y = \dfrac{4(x+1)^2}{x^2 + 2x + 4}$ 的水平渐近线方程为 _____.

三、解答题

1. 设 $y = (3x^2 + 2)\cos^2 x$，求 y' 与 $\mathrm{d}y$.

2. 设 $e^y - e^{-x} + xy = 0$，求 $\dfrac{\mathrm{d}y}{\mathrm{d}x}$.

3. 求极限 $\lim\limits_{x \to +\infty} \dfrac{x + \ln x}{x \ln x}$.

4. 求函数 $y = 2x^3 - 9x^2 + 12x - 3$ 的单调区间与极值.

5. 求曲线 $y = \ln(1 + x^2)$ 的凹凸性与拐点.

书网融合……

知识回顾   微课   习题

第三章　不定积分与定积分

前一章介绍了一元函数的微分学,掌握了如何求函数变化率的方法.但是实际生产和生活中还需要解决其逆运算的问题,即已知一个函数的导数(或微分),求其原来的函数.例如根据药物的进入速率求其有效药量;推算糖尿病患者在一定时间内血液中胰岛素的平均浓度等.

本章从速度问题和面积问题出发,分别引入不定积分和定积分的概念,分析它们的性质及几何意义,重点介绍微积分学基本公式(牛顿 – 莱布尼茨公式),介绍不定积分和定积分的计算方法,以及定积分的应用.

学习目标

1. **掌握**　积分的基本公式;牛顿 – 莱布尼茨公式;积分的计算方法.
2. **熟悉**　原函数与不定积分的概念;不定积分和定积分的基本性质;定积分的几何意义;利用定积分计算平面图形的面积.
3. **了解**　定积分的概念;求积分上限函数的导数;无穷区间上的广义积分.

第一节　不定积分

PPT

一、原函数与不定积分 　微课

1. 原函数　有如下两个问题:设平面曲线上任意一点 $P(x,y)$ 处的切线斜率为 $k = f'(x)$,求该平面曲线 $y = f(x)$ 的表达式;已知做直线运动的某物体,在任意时刻 t 的瞬时速度为 $v = s'(t)$,求此物体的运动方程 $s = s(t)$ 的表达式.

以上两个问题都可以归结为已知一个函数的导数,求这个函数的表达式,即已知 $F'(x) = f(x)$,求函数 $F(x)$,因此我们引入原函数的概念.

定义 1　设 $F(x)$ 与 $f(x)$ 在区间 I 上有定义,若在 I 上,对任意 $x \in I$,都有 $F'(x) = f(x)$,则称 $F(x)$ 是 $f(x)$ 在区间 I 上的一个原函数.

例 1　求下列函数的一个原函数.

(1) $f(x) = 2x$;

(2) $f(x) = \cos x$.

解 （1）因为 $(x^2)' = 2x$，

所以在（$-\infty$，$+\infty$）上 x^2 是 $2x$ 的一个原函数．

（2）因为 $(\sin x)' = \cos x$，

所以在（$-\infty$，$+\infty$）上 $\sin x$ 为 $\cos x$ 的一个原函数．

下面我们来研究两个问题：一个函数的原函数有什么特点？一个函数具备什么条件时，能保证它的原函数一定存在？

由于一个常数的导数为 0，所以对于给定的函数 $f(x)$，如果它存在一个原函数 $F(x)$，那么它就有无穷多个原函数 $F(x) + C$（C 为任意常数）．

定理 1 设 $F(x)$ 是 $f(x)$ 在区间 I 上的一个原函数，那么

（1）$F(x) + C$ 也是它的一个原函数；

（2）设 $G(x)$ 也是 $f(x)$ 在 I 上的一个原函数，那么存在常数 C，使得 $G(x) = F(x) + C$．

定理 1 表明，如果 $f(x)$ 在 I 上有一个原函数 $F(x)$，那么它就有无穷多个原函数，任意两个原函数之间只相差一个常数，而且全体原函数具有 $F(x) + C$ 的形式，其中 C 为任意常数．

什么样的函数具有原函数呢？

定理 2 如果函数 $f(x)$ 在区间 I 上连续，那么在区间 I 上存在函数 $F(x)$，使得对任意 $x \in I$ 都有 $F'(x) = f(x)$．

定理 2 表明，连续函数都有原函数．由于初等函数在其定义区间上都是连续函数，因此初等函数在其定义区间上都有原函数．

为了使求原函数的问题能够用数学式子表达出来，我们引入不定积分的概念．

2. 不定积分

定义 2 如果函数 $F(x)$ 是 $f(x)$ 的一个原函数，那么函数 $f(x)$ 的全体原函数 $F(x) + C$ 称为函数 $f(x)$ 的不定积分，记为 $\int f(x)\mathrm{d}x$，即

$$\int f(x)\mathrm{d}x = F(x) + C,$$

其中符号"$\int$"称为积分号，$f(x)$ 称为被积函数，$f(x)\mathrm{d}x$ 称为被积表达式，x 称为积分变量，C 称为积分常数．

由定义可以看出，求已知函数 $f(x)$ 的不定积分，就是先求出它的一个原函数 $F(x)$，再加上任意常数 C，即不定积分与原函数是整体与个体的关系．确切地说，如果 $F(x)$ 是 $f(x)$ 在 I 上的一个原函数，则 $f(x)$ 在 I 上的不定积分表示的是所有原函数．因此，求函数的不定积分，就是求所有的原函数．例如 $(x^2)' = 2x$，所以 $\int 2x\mathrm{d}x = x^2 + C$．

例 2 求下列不定积分．

（1）$\int x^4 \mathrm{d}x$；

（2）$\int \sin x \mathrm{d}x$．

解 （1）因为 $\left(\dfrac{1}{5}x^5\right)' = x^4$，所以 $\int x^4 \mathrm{d}x = \dfrac{1}{5}x^5 + C$；

（2）因为 $(-\cos x)' = \sin x$，所以 $\int \sin x \,\mathrm{d}x = -\cos x + C$.

二、不定积分的性质

性质 1　不定积分的导数等于被积函数或不定积分的微分等于被积表达式.

即 $\left(\int f(x)\,\mathrm{d}x \right)' = f(x)$ 或 $\mathrm{d}\int f(x)\,\mathrm{d}x = f(x)\,\mathrm{d}x$.

性质 2　一个函数微分的不定积分与该函数相差一个常数.

即 $\int f'(x)\,\mathrm{d}x = f(x) + C$ 或 $\int \mathrm{d}f(x) = f(x) + C$.

以上性质说明微分运算与积分运算是互逆的，还可用于检验积分结果是否正确，只要将积分结果进行求导，看它的导数是否等于被积函数，如果相等，结果就是正确的，否则结果就是错误的.

三、不定积分的几何意义

不定积分的几何意义如图 3-1 所示：设 $F(x)$ 是 $f(x)$ 的一个原函数，则 $y = F(x)$ 在平面上表示一条曲线，称它为 $f(x)$ 的一条积分曲线. 于是 $f(x)$ 的不定积分表示一族积分曲线，它们是由 $f(x)$ 的某一条积分曲线 $y = F(x)$ 沿着 y 轴方向作任意平行移动而产生的所有积分曲线组成的. 显然，曲线族中的每一条积分曲线在具有同一横坐标 x_0 点处都有互相平行的切线，其斜率都等于 $f'(x_0)$.

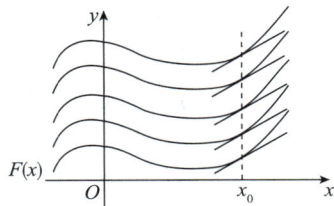

图 3-1

四、积分基本公式

由不定积分的定义和导数（或微分）的公式，不难得出以下不定积分的基本公式.

（1）$\int k\,\mathrm{d}x = kx + C$（$k$ 为常数）；

（2）$\int x^{\alpha}\,\mathrm{d}x = \dfrac{x^{\alpha+1}}{\alpha+1} + C$（$\alpha \neq -1$）；

（3）$\int \dfrac{\mathrm{d}x}{x} = \ln|x| + C$；

（4）$\int a^x\,\mathrm{d}x = \dfrac{a^x}{\ln a} + C$（$a > 0$ 且 $a \neq 1$）；

（5）$\int \mathrm{e}^x\,\mathrm{d}x = \mathrm{e}^x + C$；

（6）$\int \sin x\,\mathrm{d}x = -\cos x + C$；

（7）$\int \cos x\,\mathrm{d}x = \sin x + C$；

（8）$\int \sec^2 x\,\mathrm{d}x = \tan x + C$；

（9）$\int \csc^2 x\,\mathrm{d}x = -\cot x + C$；

（10）$\int \sec x \cdot \tan x\,\mathrm{d}x = \sec x + C$；

（11）$\int \csc x \cdot \cot x\,\mathrm{d}x = -\csc x + C$；

（12）$\int \dfrac{\mathrm{d}x}{\sqrt{1-x^2}} = \arcsin x + C$；

（13）$\int \dfrac{\mathrm{d}x}{1+x^2} = \arctan x + C$.

利用这些基本积分公式，可直接求简单函数的不定积分.

五、不定积分运算法则

法则 1　函数代数和的不定积分，等于不定积分的代数和，即

$$\int [f(x) \pm g(x)] \mathrm{d}x = \int f(x) \mathrm{d}x \pm \int g(x) \mathrm{d}x. \quad (\text{证明从略})$$

此法则可推广到有限个函数代数和,即

$$\int [f_1(x) \pm f_2(x) \pm \dots \pm f_n(x)] \mathrm{d}x = \int f_1(x) \mathrm{d}x \pm \int f_2(x) \mathrm{d}x \pm \dots \pm \int f_n(x) \mathrm{d}x.$$

法则 2 函数与某一不为零常数乘积的不定积分,等于常数乘以该函数的不定积分,即

$$\int k f(x) \mathrm{d}x = k \int f(x) \mathrm{d}x, \quad (k \neq 0). \quad (\text{证明从略})$$

例 3 求下列不定积分.

$(1) \int (2x^2 + x - \mathrm{e}^x) \mathrm{d}x;$ $\qquad (2) \int \sqrt{x}(x^3 - 2) \mathrm{d}x;$

$(3) \int \dfrac{2^x}{3^x} \mathrm{d}x;$ $\qquad\qquad\quad (4) \int \dfrac{x^4}{1+x^2} \mathrm{d}x.$

解 $(1) \int (2x^2 + x - \mathrm{e}^x) \mathrm{d}x = \int 2x^2 \mathrm{d}x + \int x \mathrm{d}x - \int \mathrm{e}^x \mathrm{d}x = \dfrac{2}{3}x^3 + \dfrac{1}{2}x^2 - \mathrm{e}^x + C;$

$(2) \int \sqrt{x}(x^3 - 2) \mathrm{d}x = \int \sqrt{x} x^3 \mathrm{d}x - 2\int \sqrt{x} \mathrm{d}x = \int x^{\frac{7}{2}} \mathrm{d}x - 2\int x^{\frac{1}{2}} \mathrm{d}x = \dfrac{2}{9}x^{\frac{9}{2}} - \dfrac{4}{3}x^{\frac{3}{2}} + C;$

$(3) \int \dfrac{2^x}{3^x} \mathrm{d}x = \int \left(\dfrac{2}{3}\right)^x \mathrm{d}x = \dfrac{\left(\dfrac{2}{3}\right)^x}{\ln \dfrac{2}{3}} + C = \dfrac{2^x}{3^x(\ln 2 - \ln 3)} + C;$

$(4) \int \dfrac{x^4}{1+x^2} \mathrm{d}x = \int \dfrac{(x^4 - 1) + 1}{1+x^2} \mathrm{d}x = \int (x^2 - 1) \mathrm{d}x + \int \dfrac{1}{1+x^2} \mathrm{d}x = \dfrac{x^3}{3} - x + \arctan x + C.$

下面两个例题是利用三角公式,将被积函数进行变形,然后求出积分结果.

例 4 求 $\int \sin^2 \dfrac{x}{2} \mathrm{d}x.$

解 原式 $= \int \dfrac{1 - \cos x}{2} \mathrm{d}x = \dfrac{1}{2}x - \dfrac{1}{2}\sin x + C.$

例 5 求 $\int \dfrac{1}{\cos^2 x \sin^2 x} \mathrm{d}x.$

解 原式 $= \int \dfrac{\sin^2 x + \cos^2 x}{\cos^2 x \sin^2 x} \mathrm{d}x = \int \sec^2 x \mathrm{d}x + \int \csc^2 x \mathrm{d}x = \tan x - \cot x + C.$

利用不定积分的基本公式和法则,通过对被积函数做适当变换后,得出积分结果的方法,叫作直接积分法,直接积分法是最基本的积分方法.

▶▶ 实例分析

实例 药物被患者服用后,首先由血液系统吸收,然后才能发挥它的作用,我们称进入血液系统的药量为有效药量,如果已知其进入速率为连续函数 $f(t)$,t 为时间 $(0 \leq t \leq \mathrm{T})$,就可以推算出在时间间隔 $[0, \mathrm{T}]$ 内药物进入血液系统的总量,即药物的有效药量. 例如某种类型的抗癌药物进入血液系统的速率可表示为函数 $f(t) = t(t-4)^2$,t 为时间.

问题 有效药量 w 与时间 t 的函数关系是怎样的?

答案解析

第二节　不定积分计算

利用直接积分法只能求出一些较简单的不定积分，为了求解更多形式的不定积分，本节将介绍几种常用的求积分方法.

一、第一换元积分法（凑微分）

定理1　设 $u = \varphi(x)$ 在区间 I 上可导，$f(u)$ 在相应区间上有原函数 $F(u) + C$，则不定积分 $\int f[\varphi(x)]\varphi'(x)\mathrm{d}x$ 在 I 上存在，且 $\int f[\varphi(x)]\varphi'(x)\mathrm{d}x = F[\varphi(x)] + C$.

第一换元积分法的适用条件：被积函数可以表示成 $f[\varphi(x)]\varphi'(x)$ 的形式，由于积分时需要将 $\varphi'(x)\mathrm{d}x$ 凑成 $\mathrm{d}\varphi(x)$ 的形式，所以第一换元法又称为"凑微分法".

例1　求 $\int \cos(2x + 3)\mathrm{d}x$.

解　设 $u = 2x + 3$，则 $\mathrm{d}u = \mathrm{d}(2x + 3) = 2\mathrm{d}x$，于是有 $\mathrm{d}x = \dfrac{1}{2}\mathrm{d}u$，

所以 $\int \cos(2x + 3)\mathrm{d}x = \dfrac{1}{2}\int \cos u\,\mathrm{d}u = \dfrac{1}{2}\sin u + C = \dfrac{1}{2}\sin(2x + 3) + C$.

例2　求 $\int (3x + 5)^{10}\mathrm{d}x$.

解　设 $u = (3x + 5)$，则 $\mathrm{d}u = \mathrm{d}(3x + 5) = 3\mathrm{d}x$，于是有 $\mathrm{d}x = \dfrac{1}{3}\mathrm{d}u$，

所以 $\int (3x + 5)^{10}\mathrm{d}x = \dfrac{1}{3}\int u^{10}\mathrm{d}u = \dfrac{1}{3} \cdot \dfrac{1}{11}u^{11} + C = \dfrac{1}{33}(3x + 5)^{11} + C$.

在对变量代换熟练后，可省略中间的换元过程，直接凑微分成积分形式.

例3　求 $\int \dfrac{1}{x(1 + \ln x)}\mathrm{d}x$.

解　$\int \dfrac{1}{x(1 + \ln x)}\mathrm{d}x = \int \dfrac{1}{1 + \ln x} \cdot \dfrac{1}{x}\mathrm{d}x = \int \dfrac{1}{1 + \ln x}\mathrm{d}(1 + \ln x) = \ln|1 + \ln x| + C$.

例4　求 $\int \cos^3 x \sin x\,\mathrm{d}x$.

解　$\int \cos^3 x \sin x\,\mathrm{d}x = -\int \cos^3 x\,\mathrm{d}\cos x = -\dfrac{1}{4}\cos^4 x + C$.

要熟练掌握用第一换元法计算不定积分，牢记基本积分公式和被积函数凑微分的基本形式. 现将常见的凑微分类型整理如下：

（1）$\int f(x^{a+1}) \cdot x^a\mathrm{d}x = \int f(x^{a+1}) \cdot \dfrac{1}{a + 1}\mathrm{d}(x^{a+1})\,(a \neq -1)$；

（2）$\int f(\mathrm{e}^x)\mathrm{e}^x\mathrm{d}x = \int f(\mathrm{e}^x)\mathrm{d}(\mathrm{e}^x)$；

（3）$\int f(\ln x)\dfrac{1}{x}\mathrm{d}x = \int f(\ln x)\mathrm{d}(\ln x)$；

（4）$\int f(\sin x)\cos x\mathrm{d}x = \int f(\sin x)\mathrm{d}(\sin x)$；

$(5)\ \int f(\cos x)\sin x\mathrm{d}x = -\int f(\cos x)\mathrm{d}(\cos x);$

$(6)\ \int f(\tan x)\dfrac{1}{\cos^2 x}\mathrm{d}x = \int f(\tan x)\mathrm{d}(\tan x);$

$(7)\ \int f(\arcsin x)\dfrac{1}{\sqrt{1-x^2}}\mathrm{d}x = \int f(\arcsin x)\mathrm{d}(\arcsin x);$

$(8)\ \int f(\arctan x)\dfrac{1}{1+x^2}\mathrm{d}x = \int f(\arctan x)\mathrm{d}(\arctan x).$

例 5　求 $\int\tan x\mathrm{d}x.$

解　$\int\tan x\mathrm{d}x = \int\dfrac{\sin x}{\cos x}\mathrm{d}x = -\int\dfrac{\mathrm{d}(\cos x)}{\cos x}\ (令\ u = \cos x)$

$\qquad\qquad = -\int\dfrac{\mathrm{d}u}{u} = -\ln|u| + C = -\ln|\cos x| + C.$

类似可求出 $\int\cot x\mathrm{d}x = \ln|\sin x| + C.$

例 6　求下列不定积分.

$\qquad(1)\ \int\cos^2 x\mathrm{d}x;$

$\qquad(2)\ \int\cos^3 x\mathrm{d}x.$

解　$(1)\ \int\cos^2 x\mathrm{d}x = \dfrac{1}{2}\int(1+\cos 2x)\mathrm{d}x = \dfrac{1}{2}\int\mathrm{d}x + \dfrac{1}{4}\int\cos 2x\mathrm{d}(2x) = \dfrac{x}{2} + \dfrac{\sin 2x}{4} + C;$

$\qquad(2)\ \int\cos^3 x\mathrm{d}x = \int\cos^2 x\mathrm{d}\sin x = \int(1-\sin^2 x)\mathrm{d}\sin x = \sin x - \dfrac{1}{3}\sin^3 x + C.$

例 7　求下列不定积分.

$\qquad(1)\ \int 2x\mathrm{e}^{x^2}\mathrm{d}x;$

$\qquad(2)\ \int\dfrac{\mathrm{d}x}{\sqrt{x}\ \sqrt{1-x}}.$

解　$(1)\ \int 2x\mathrm{e}^{x^2}\mathrm{d}x = \int\mathrm{e}^{x^2}\mathrm{d}(x^2) = \mathrm{e}^{x^2} + C;$

$\qquad(2)\ \int\dfrac{\mathrm{d}x}{\sqrt{x}\ \sqrt{1-x}} = 2\int\dfrac{1}{\sqrt{1-(\sqrt{x})^2}}\dfrac{\mathrm{d}x}{2\sqrt{x}} = 2\int\dfrac{1}{\sqrt{1-(\sqrt{x})^2}}\mathrm{d}(\sqrt{x}) = 2\arcsin\sqrt{x} + C.$

例 8　求下列不定积分.

$\qquad(1)\ \int\dfrac{\mathrm{d}x}{a^2+x^2}(a\neq 0);$

$\qquad(2)\ \int\dfrac{\mathrm{d}x}{x^2-a^2}(a\neq 0).$

解　$(1)\ \int\dfrac{\mathrm{d}x}{a^2+x^2} = \dfrac{1}{a}\int\dfrac{\mathrm{d}\left(\dfrac{x}{a}\right)}{1+\left(\dfrac{x}{a}\right)^2} = \dfrac{1}{a}\arctan\dfrac{x}{a} + C;$

$\qquad(2)\ \int\dfrac{\mathrm{d}x}{x^2-a^2} = \dfrac{1}{2a}\int\left(\dfrac{1}{x-a} - \dfrac{1}{x+a}\right)\mathrm{d}x = \dfrac{1}{2a}(\ln|x-a| - \ln|x+a|) + C = \dfrac{1}{2a}\ln\left|\dfrac{x-a}{x+a}\right| + C.$

即学即练 3 – 1

答案解析

即学即练 3 – 1

不定积分 $\int x \cdot e^{x^2-3} dx = (\quad)$.

A. $\frac{1}{2}e^{x^2-3} + C$　　　　B. $e^{x^2-3} + C$　　　　C. $-\frac{1}{2}e^{x^2-3} + C$　　　　D. $-e^{x^2-3} + C$

二、第二换元积分法（去根号）

第一换元法可以通过变量代换 $u = \varphi(x)$，将积分 $\int f[\varphi(x)]\varphi'(x)dx$ 化为积分 $\int f(u)du$，从而求出其不定积分. 但有些不定积分如 $\int \dfrac{dx}{1 + \sqrt[3]{x}}$，难以用直接积分法或第一换元法求解，这时，我们可以引入新的积分变量 t，使 $x = \varphi(t)$，将原积分去掉根号转化成新的容易求解的积分式.

定理 2　设函数 $x = \varphi(t)$ 是单调可导的函数，且 $\varphi'(t) \neq 0$，并且 $f[\varphi(t)]\varphi'(t)$ 有原函数 $F(t)$，则 $\int f(x)dx = \int f[\varphi(t)]\varphi'(t)dt = [F(t) + C]_{t=\varphi^{-1}(x)}$，其中 $t = \varphi^{-1}(x)$ 是 $x = \varphi(t)$ 的反函数.

注：第二换元积分法的适用条件是换元后的 $f[\varphi(t)]\varphi'(t)$ 比原函数容易求解；第二换元积分法的关键在于选择合适的变换 $x = \varphi(t)$.

例 9　求 $\int \dfrac{dx}{\sqrt{x} + \sqrt[3]{x}}$.

解　为了同时去根式 $\sqrt{x}$ 和 $\sqrt[3]{x}$，根指数取 2 和 3 的最小公倍数. 可令 $\sqrt[6]{x} = t$，则 $x = t^6$，于是 $dx = 6t^5 dt$，所以

$$\int \frac{dx}{\sqrt{x} + \sqrt[3]{x}} = \int \frac{6t^5}{t^3 + t^2}dt = 6\int \frac{t^3}{t+1}dt = 6\int \frac{(t^3+1)-1}{t+1}dt$$

$$= 6\int \left(t^2 - t + 1 - \frac{1}{t+1}\right)dt = 2t^3 - 3t^2 + 6t - 6\ln|t+1| + C$$

$$= 2\sqrt{x} - 3\sqrt[3]{x} + 6\sqrt[6]{x} - 6\ln(\sqrt[6]{x} + 1) + C.$$

例 10　求 $\int \dfrac{1}{\sqrt{1 + e^x}}dx$.

解　令 $t = \sqrt{1 + e^x}$，则 $x = \ln(t^2 - 1)$，$dx = \dfrac{2t}{t^2 - 1}dt$，于是

$$\int \frac{1}{\sqrt{1 + e^x}}dx = \int \frac{1}{t} \cdot \frac{2t}{t^2 - 1}dt = \int \frac{2}{t^2 - 1}dt = \int \left(\frac{1}{t-1} - \frac{1}{t+1}\right)dt$$

$$= \int \frac{1}{t-1}d(t-1) - \int \frac{1}{t+1}d(t+1) = \ln|t-1| - \ln|t+1| + C$$

$$= \ln\left|\frac{\sqrt{1 + e^x} - 1}{\sqrt{1 + e^x} + 1}\right| + C = \ln\frac{\sqrt{1 + e^x} - 1}{\sqrt{1 + e^x} + 1} + C.$$

三、分部积分法

在求不定积分的问题上，我们还经常用到另一种方法——分部积分法.

设函数 $u = u(x)$，$v = v(x)$ 都具有连续导数，则 $\int u dv = uv - \int v du$，该公式叫作分部积分公式.

分部积分公式的目的是将 $\int u dv$ 的积分问题转化为 $\int v du$ 的积分问题，如果 $\int v du$ 较容易计算，则公式就起到了化难为易的作用，运用分部积分公式主要考虑两点：v 要容易求出；$\int v du$ 要比 $\int u dv$ 容易求出.

例 11　求 $\int x e^x dx$.

解　设 $u = x$，$dv = e^x dx$，则 $du = dx$，$v = e^x$，

由分部积分公式得 $\int x e^x dx = x e^x - \int e^x dx = x e^x - e^x + C$.

一般的，若被积函数是幂函数和指数函数乘积时，可令幂函数为 u.

例 12　求 $\int x \sin x dx$.

解　设 $u = x$，$dv = \sin dx$，则 $du = dx$，$v = -\cos x$，由分部积分公式，得

$$\int x \sin x dx = -x \cos x + \int \cos x dx = -x \cos x + \sin x + C.$$

一般的，若被积函数是幂函数和三角函数乘积时，可令幂函数为 u. 当我们在熟悉公式后，u 和 v 可以省略不写，直接套用公式即可.

例 13　求 $\int x^2 \ln x dx$.

解　$\int x^2 \ln x dx = \frac{1}{3} \int \ln x d(x^3) = \frac{1}{3}\left(x^3 \ln x - \int x^3 d\ln x\right) = \frac{x^3}{3}\ln x - \frac{1}{3}\int x^2 dx = \frac{x^3}{3}\ln x - \frac{x^3}{9} + C.$

一般的，若被积函数是幂函数和反三角函数或对数函数乘积时，可令反三角函数或对数函数为 u.

例 14　求 $\int x^2 \cos x dx$.

解　$\int x^2 \cos x dx = \int x^2 d(\sin x) = x^2 \sin x - \int \sin x d(x^2) = x^2 \sin x - 2\int x \sin x dx.$

对于 $\int x \sin x dx$，再用一次分部积分法，由例 8 的结果，得

$$\int x^2 \cos x dx = x^2 \sin x + 2x \cos x - 2\sin x + C.$$

例 15　求 $\int e^x \sin x dx$.

解　$\int e^x \sin x dx = \int e^x d(-\cos x) = -e^x \cos x + \int \cos x de^x$

$\qquad = -e^x \cos x + \int e^x \cos x dx = -e^x \cos x + \int e^x d(\sin x)$

$\qquad = -e^x \cos x + e^x \sin x - \int e^x \sin x dx.$

这时右端出现了原不定积分 $\int e^x \sin x dx$，于是移项，两边除以 2，得

$$\int e^x \sin x dx = \frac{e^x}{2}(\sin x - \cos x) + C.$$

若被积函数是指数函数和三角函数（正弦函数或余弦函数）乘积，可以运用方程的思想，应用两次分部积分法进行求解. 需要说明的是，本题如果令 $u = \sin x$，也能得到同样的解，但是，两次分部积

分 u 的类型要保持一致.

第三节　定积分

PPT

定积分是高等数学中最重要的内容之一，它在自然科学和实际问题中都有广泛的应用．该部分将从实际例子出发，首先介绍定积分的概念和性质，微积分基本公式和定积分的计算方法，然后讨论定积分在几何、物理和医药学上的一些简单运用.

一、定积分的概念

引例　求曲边梯形的面积

设 $y = f(x)$ 在区间 $[a,b]$ 上非负且连续，由直线 $x = a$，$x = b$，$y = 0$ 及曲线 $y = f(x)$ 所围的图形称为曲边梯形，其中曲线弧称为曲边，求这个曲边梯形的面积.

如图 3 – 2 所示，可以看出曲边梯形底边上的高 $f(x)$ 在区间 $[a,b]$ 上是连续变化的，而且区间越小，高的变化越小，如果把区间 $[a,b]$ 划分为许多小区间，在每一个小区间上用其中某一点处的高来近似代替同一

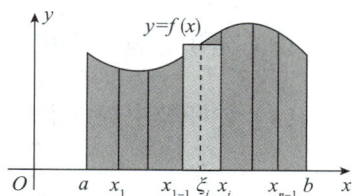

图 3 – 2

个小区间上的小曲边梯形的变高，那么每一个小曲边梯形就可以近似地看成一个小矩形，我们就可以用这些小矩形面积之和作为曲边梯形的面积的近似值．若把区间 $[a,b]$ 无限细分下去，使每个小区间的长度都趋于零，这时所有小矩形面积之和的极限就是这个曲边梯形的面积的精确值．计算步骤如下：

（1）分割：在区间 $[a,b]$ 上插入 $n-1$ 个分点：$a = x_0 < x_1 < x_2 < \cdots < x_{n-1} < x_n = b$，将区间 $[a,b]$ 分成 n 个小区间 $[x_0,x_1]$，$[x_1,x_2]$，$\cdots$，$[x_{i-1},x_i]$，$\cdots$，$[x_{n-1},x_n]$，第 i 个小区间的长度记为 $\Delta x_i = x_i - x_{i-1}(i = 1,2,\cdots,n)$．过这 $n-1$ 个分点作垂直于 x 轴的直线段，它们把曲边梯形分成 n 个小曲边梯形，第 i 个小曲边梯形的面积记为 ΔS_i；

（2）近似：在每个小区间 $\Delta x_i = x_i - x_{i-1}(i = 1,2,\cdots,n)$ 上任取一点 ξ_i，作以 Δx_i 为底，以 $f(\xi_i)$ 为高的矩形，则小曲边梯形的面积 ΔS_i 的近似值为 $\Delta S_i \approx f(\xi_i)\Delta x_i(i = 1,2,\cdots,n)$；

（3）求和：将 n 个小矩形面积相加就得到曲边梯形面积 S 的近似值，即 $S \approx \sum\limits_{i=1}^{n} f(\xi_i)\Delta x_i = f(\xi_1)\Delta x_1 + f(\xi_2)\Delta x_2 + \cdots + f(\xi_n)\Delta x_n$；

（4）取极限：令 $\lambda = \max\limits_{1 \leqslant i \leqslant n}\{\Delta x_i\}$，当 $\lambda \to 0$ 时，$n \to \infty$，和式 $\sum\limits_{i=1}^{n} f(\xi_i)\Delta x_i$ 的极限就是曲边梯形面积 S 的精确值，即 $S = \lim\limits_{n \to \infty}\sum\limits_{i=1}^{n} f(\xi_i)\Delta x_i.$

从上例可以看到，当我们需要计算不规则变化量的整体量时，可采用小范围内"以不变代变"的方法，按"分割、近似、求和、取极限"的方法将所求的量归结为一个"和式极限"，根据这种特殊"和式极限"数学模型的本质，我们给出定积分的定义.

定义　设函数 $y = f(x)$ 在区间 $[a,b]$ 上有定义，任取分点 $a = x_0 < x_1 < x_2 < \cdots < x_{n-1} < x_n = b$，把区间 $[a,b]$ 分成 n 个小区间 $[x_{i-1},x_i](i = 1,2,\cdots,n)$，设每个区间的长度分别为 $\Delta x_i = x_i - x_{i-1}(i = 1,2,\cdots,n)$，$\lambda = \max\limits_{1 \leqslant i \leqslant n}\{\Delta x_i\}$，在每个小区间上任取一点 ξ_i，作和式 $\sum\limits_{i=1}^{n} f(\xi_i)\Delta x_i$，如果当 $\lambda \to 0$ 时，和式

的极限存在，则称此极限为函数 $y = f(x)$ 在区间 $[a,b]$ 上的定积分，记为 $y = \int_a^b f(x)\mathrm{d}x$ ，即 $\int_a^b f(x)\mathrm{d}x =$

$\lim\limits_{\lambda \to 0} \sum\limits_{i=1}^n f(\xi_i)\Delta x_i.$

此时也称函数 $y = f(x)$ 在区间 $[a,b]$ 上可积，其中 $f(x)$ 称为被积函数，$f(x)\mathrm{d}x$ 称为被积表达式，$[a,b]$ 称为积分区间，a,b 分别称为积分下限和积分上限.

根据定积分的定义，引例中曲边梯形的面积可表示为 $S = \int_a^b f(x)\mathrm{d}x.$

关于定积分的几点说明如下：

（1）如果函数 $y = f(x)$ 在闭区间 $[a,b]$ 上连续或只有有限个第一类间断点，则 $y = f(x)$ 一定可积；

（2）定积分是一个常数，它只与被积函数和积分区间有关，而与积分变量的符号无关，即 $\int_a^b f(x)\mathrm{d}x = \int_a^b f(t)\mathrm{d}t$ ；

（3）定积分的定义中，一般设定 $a < b$ ，如果 $a > b$ ，则规定 $\int_a^b f(x)\mathrm{d}x = -\int_b^a f(x)\mathrm{d}x$ ；

（4）定积分中规定 $\int_a^a f(x)\mathrm{d}x = 0.$

二、定积分的几何意义

设由直线 $x = a$ ，$x = b$ ，$y = 0$ 和曲线 $y = f(x)$ 所围成曲边梯的面积为 S ，

（1）若函数 $f(x) \geqslant 0$ ，图形在 x 轴上方，积分值为正，则 $\int_a^b f(x)\mathrm{d}x = S$ ；

（2）若函数 $f(x) \leqslant 0$ ，图形在 x 轴下方，积分值为负，则 $\int_a^b f(x)\mathrm{d}x = -S$ ；

（3）若函数 $f(x)$ 在闭区间 $[a,b]$ 上的值有正有负，则定积分 $\int_a^b f(x)\mathrm{d}x$ 就表示曲线 $y = f(x)$ 在 x 轴上方部分与下方部分面积的代数和，如图 3-3 所示，即 $\int_a^b f(x)\mathrm{d}x = A_1 - A_2 + A_3.$

例1 用定积分的几何意义，求 $\int_0^2 \sqrt{4 - x^2}\,\mathrm{d}x$.

解 由 $y = \sqrt{4 - x^2}$ ，y 轴和 x 轴围成的图形是圆 $x^2 + y^2 = 4$ 在第一象限的部分，如图 3-4 所示，它的面积是一个半径为 2 的圆面积的四分之一，所以 $\int_0^2 \sqrt{4 - x^2}\,\mathrm{d}x = \pi$.

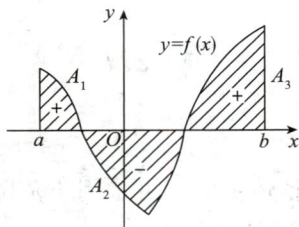

图 3-3

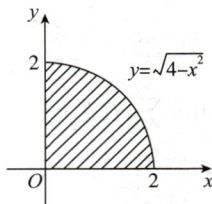

图 3-4

三、定积分的性质

前面我们介绍了定积分的概念，现将给出定积分的一些基本性质，为了叙述方便，在以下讨论中，

假设函数在所讨论的区间上都是可积的.

性质 1　两个函数的代数和的定积分等于这两个函数的定积分的代数和，即

$$\int_a^b [f(x) \pm g(x)] \mathrm{d}x = \int_a^b f(x)\mathrm{d}x \pm \int_a^b g(x)\mathrm{d}x.$$

这一性质可以推广到任意有限个函数代数和的情况，即

$$\int_a^b \left(\sum_{i=1}^n f_i(x)\right)\mathrm{d}x = \sum_{i=1}^n \int_a^b f_i(x)\mathrm{d}x.$$

性质 2　被积函数中的常数因子可以提到积分符号外，即 $\int_a^b kf(x)\mathrm{d}x = k\int_a^b f(x)\mathrm{d}x$，其中 k 为常数.

性质 3　交换积分的上、下限，定积分变为相反数，即 $\int_a^b f(x)\mathrm{d}x = -\int_b^a f(x)\mathrm{d}x.$

性质 4（积分区间的可加性）　对任意实数 C，有 $\int_a^b f(x)\mathrm{d}x = \int_a^c f(x)\mathrm{d}x + \int_c^b g(x)\mathrm{d}x.$

性质 5　在区间 $[a,b]$ 上，若有 $f(x) \geqslant g(x)$，则 $\int_a^b f(x)\mathrm{d}x \geqslant \int_a^b g(x)\mathrm{d}x.$

特别的，$\int_a^b |f(x)|\mathrm{d}x \geqslant \left|\int_a^b f(x)\mathrm{d}x\right|.$

性质 6（定积分中值定理）　若 $f(x)$ 在区间 $[a,b]$ 上连续，则至少存在一点 $\xi \in (a,b)$，满足 $\int_a^b f(x)\mathrm{d}x = f(\xi)(b-a)$，或者 $\dfrac{1}{b-a}\int_a^b f(x)\mathrm{d}x = f(\xi)$，如图 3-5 所示.

例 2　利用定积分的性质，估计下列积分的大小.

（1）$\int_0^1 x^2 \mathrm{d}x$ 与 $\int_0^1 x^3 \mathrm{d}x$；

（2）$\int_0^{\frac{\pi}{4}} \sin x \mathrm{d}x$ 与 $\int_0^{\frac{\pi}{4}} \cos x \mathrm{d}x.$

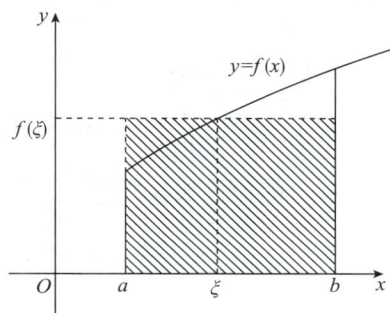

图 3-5

解　（1）因为在区间 $[0,1]$ 上，有 $x^2 \geqslant x^3$，所以由性质 5 可得

$$\int_0^1 x^2 \mathrm{d}x \geqslant \int_0^1 x^3 \mathrm{d}x;$$

（2）因为在区间 $[0,\frac{\pi}{4}]$ 上，有 $\sin x \leqslant \cos x$，所以由性质 5 可得

$$\int_0^{\frac{\pi}{4}} \sin x \mathrm{d}x \leqslant \int_0^{\frac{\pi}{4}} \cos x \mathrm{d}x.$$

第四节　定积分计算

PPT

从定积分的定义可以看出，直接用定义求定积分是一件较复杂和困难的事情，有的甚至无法求出其积分值，本节将介绍微积分基本公式，也就是牛顿-莱布尼茨公式，它揭示了微分与积分之间的内在联系，能有效地解决定积分的计算问题.

一、微积分基本公式

1. 变上限积分

定义 1 设 $f(x)$ 在区间 $[a,b]$ 上连续，x 为区间 $[a,b]$ 上的任意一点，则称

$$\Phi(x) = \int_a^x f(t)\,\mathrm{d}t \quad (a \leqslant x \leqslant b)$$

为 $f(x)$ 在区间 $[a,b]$ 上的变上限积分.

因为 $f(x)$ 在区间 $[a,x]$ 上连续，所以定义中变上限积分存在. 如果积分上限 x 在区间 $[a,b]$ 上任意变动，那么对于每一个取定的 x 值，都有唯一的定积分值与之对应，因此 $\Phi(x)$ 是定义在区间 $[a,b]$ 上的一个函数，关于这个变上限积分函数，有如下重要定理.

定理 1 若函数 $f(x)$ 在区间 $[a,b]$ 上连续，则函数 $\Phi(x) = \int_a^x f(t)\,\mathrm{d}t (a \leqslant x \leqslant b)$ 就是函数 $f(x)$ 在区间 $[a,b]$ 上的一个原函数，即

$$\Phi'(x) = \frac{\mathrm{d}}{\mathrm{d}x}\int_a^x f(t)\,\mathrm{d}t = f(x)\,(a \leqslant x \leqslant b). \quad (\text{证明从略})$$

从这个定理可得知，任何连续函数 $f(x)$ 都有原函数，并且这个原函数就是 $f(x)$ 的变上限积分函数.

例 1 计算 $\dfrac{\mathrm{d}}{\mathrm{d}x}\displaystyle\int_0^x \sin t^2\,\mathrm{d}t$.

解 因为上限为变量 x 的定积分，其导数就是被积函数，

所以 $\dfrac{\mathrm{d}}{\mathrm{d}x}\displaystyle\int_0^x \sin t^2\,\mathrm{d}t = \sin x^2$.

例 2 计算 $\dfrac{\mathrm{d}}{\mathrm{d}x}\displaystyle\int_x^1 \mathrm{e}^{2t}\,\mathrm{d}t$.

解 先根据定积分的性质交换上、下限 $\displaystyle\int_x^1 \mathrm{e}^{2t}\,\mathrm{d}t = -\int_1^x \mathrm{e}^{2t}\,\mathrm{d}t$，

因为上限为变量 x 的定积分，其导数就是被积函数，

所以 $\dfrac{\mathrm{d}}{\mathrm{d}x}\displaystyle\int_x^1 \mathrm{e}^{2t}\,\mathrm{d}t = -\mathrm{e}^{2x}$.

由上例总结得出：$\dfrac{\mathrm{d}}{\mathrm{d}x}\displaystyle\int_x^b f(t)\,\mathrm{d}t = -f(x)$，该结果可作为公式直接使用.

例 3 计算 $\dfrac{\mathrm{d}}{\mathrm{d}x}\displaystyle\int_0^{x^2} t^2 \mathrm{e}^t\,\mathrm{d}t$.

解 令 $u = x^2$，由复合函数求导法则，

$$\frac{\mathrm{d}}{\mathrm{d}x}\int_0^{x^2} t^2 \mathrm{e}^t\,\mathrm{d}t = \left(\frac{\mathrm{d}}{\mathrm{d}u}\int_0^u t^2 \mathrm{e}^t\,\mathrm{d}t\right)\frac{\mathrm{d}u}{\mathrm{d}x} = u^2 \mathrm{e}^u \cdot 2x = 2x^5 \mathrm{e}^{x^2}.$$

由上例总结得出：若函数 $\varphi(x)$ 可导，则有 $\dfrac{\mathrm{d}}{\mathrm{d}x}\displaystyle\int_a^{\varphi(x)} f(t)\,\mathrm{d}t = f[\varphi(x)]\varphi'(x)$，该结果可作为公式直接使用.

例 4 求极限 $\displaystyle\lim_{x\to 0}\frac{\displaystyle\int_0^x \sin t^2\,\mathrm{d}t}{x^3}$.

解 因为 $\displaystyle\lim_{x\to 0}\int_0^x \sin t^2\,\mathrm{d}t = \int_0^0 \sin t^2\,\mathrm{d}t = 0$，所以该极限为 "$\dfrac{0}{0}$" 型未定式，

根据洛必达法则，$\lim\limits_{x\to 0}\dfrac{\int_0^x \sin t^2 \mathrm{d}t}{x^3} = \lim\limits_{x\to 0}\dfrac{(\int_0^x \sin t^2 \mathrm{d}t)'}{(x^3)'} = \lim\limits_{x\to 0}\dfrac{\sin x^2}{3x^2} = \dfrac{1}{3}$.

例5　求极限 $\lim\limits_{x\to 0}\dfrac{\int_0^x (e^t-1)\mathrm{d}t}{x^2}$.

解　因为当 $x\to 0$ 时，该极限为 "$\dfrac{0}{0}$" 型未定式，

根据洛必达法则，$\lim\limits_{x\to 0}\dfrac{\int_0^x (e^t-1)\mathrm{d}t}{x^2} = \lim\limits_{x\to 0}\dfrac{e^x-1}{2x} = \lim\limits_{x\to 0}\dfrac{e^x}{2} = \dfrac{1}{2}$.

2. 公式（牛顿 – 莱布尼茨公式）

定理2　如果函数 $F(x)$ 是连续函数 $f(x)$ 在区间 $[a,b]$ 上的一个原函数，那么

$$\int_a^b f(x)\mathrm{d}x = F(b) - F(a).$$

通常情况下，我们把上述公式写成 $\int_a^b f(x)\mathrm{d}x = F(x)\,|_a^b = F(b) - F(a)$.

证　因为 $F(x)$ 是 $f(x)$ 在区间 $[a,b]$ 上的一个原函数，

所以 $\Phi(x) = \int_a^x f(t)\mathrm{d}t$ 是 $f(x)$ 的一个原函数.

因此，$F(x)$ 与 $\Phi(x)$ 之间只相差一个常数 C，即 $\int_a^x f(t)\mathrm{d}t = F(x) + C$.

令 $x = a$，则 $\int_a^a f(t)\mathrm{d}t = F(a) + C = 0$，可得 $C = -F(a)$，

再令 $x = b$，则 $\int_a^b f(t)\mathrm{d}t = F(b) + C = F(b) - F(a)$.

这就是著名的牛顿 – 莱布尼茨公式，也称为微积分基本公式，该公式揭示了定积分与被积函数的原函数即不定积分之间的内在联系，函数 $f(x)$ 在区间 $[a,b]$ 上的定积分等于它的任意一个原函数在区间 $[a,b]$ 上的增量.

例6　计算定积分 $\int_0^1 x^2 \mathrm{d}x$.

解　因为 $\dfrac{x^3}{3}$ 是 x^2 的一个原函数，

所以 $\int_0^1 x^2 \mathrm{d}x = \dfrac{x^3}{3}\Big|_0^1 = \dfrac{1^3}{3} - \dfrac{0^3}{3} = \dfrac{1}{3}$.

例7　计算定积分 $\int_1^2 \left(2x + \dfrac{1}{x}\right)\mathrm{d}x$.

解　$\int_1^2 \left(2x + \dfrac{1}{x}\right)\mathrm{d}x = (x^2 + \ln|x|)\,|_1^2 = 4 + \ln 2 - (1 + \ln 1) = 3 + \ln 2$.

例8　计算定积分 $\int_0^3 |x-1|\mathrm{d}x$.

解　$\int_0^3 |x-1|\mathrm{d}x = \int_0^1 (1-x)\mathrm{d}x + \int_1^3 (x-1)\mathrm{d}x = \left(x - \dfrac{1}{2}x^2\right)\Big|_0^1 + \left(\dfrac{1}{2}x^2 - x\right)\Big|_1^3 = \dfrac{1}{2} + 2 = \dfrac{5}{2}$.

定积分 $\int_0^\pi 2\sin x \mathrm{d}x = $ (   ).

A. $-2\cos x$　　　　B. -4　　　　C. 4　　　　D. $2\sin x$

二、定积分的计算方法

根据牛顿-莱布尼茨公式，可以由不定积分的计算方法，导出相应的定积分的计算方法，接下来我们介绍计算定积分的换元积分法和分部积分法.

1. 换元积分法

定理 3　设函数 $f(x)$ 在区间 $[a,b]$ 上连续，函数 $\varphi(t)$ 满足下列条件：

（1）$\varphi(\alpha) = a$，$\varphi(\beta) = b$；

（2）$\varphi(t)$ 在区间 $[\alpha,\beta]$ 上单调且有连续导数 $\varphi'(t)$；

（3）当 t 在区间 $[\alpha,\beta]$ 上变化时，x 在区间 $[a,b]$ 上变化；

则有 $\int_a^b f(x)\mathrm{d}x = \int_\alpha^\beta f[\varphi(t)]\varphi'(t)\mathrm{d}t$.

在利用换元积分法计算定积分时，只要随着积分变量的替换相应地改变积分的上、下限，在求出原函数后，直接代入积分上、下限计算出原函数的改变量的值即可. 此公式可灵活应用，如对 t 积分困难，可从右向左应用公式，将变量 t 变为 x（相当于第一换元积分法），于是令 $\varphi(t) = x$，则 $\varphi'(t)\mathrm{d}t = \mathrm{d}x$，积分变成 $\int_a^b f(x)\mathrm{d}x$；如对 x 积分困难，可从左向右应用公式，将变量 x 变为 t（相当于第二换元积分法），于是令 $x = \varphi(t)$，积分变成 $\int_\alpha^\beta f[\varphi(t)]\varphi'(t)\mathrm{d}t$. 不管怎样，总的原则是化繁为简，化难为易.

例 9　求定积分 $\int_0^{\frac{\pi}{2}} \sin^3 x \cos x \mathrm{d}x$.

解　令 $\sin x = t$，则 $\mathrm{d}t = \cos x \mathrm{d}x$，

当 $x = 0$ 时，$t = 0$；$x = \dfrac{\pi}{2}$ 时，$t = 1$，

$$\int_0^{\frac{\pi}{2}} \sin^3 x \cos x \mathrm{d}x = \int_0^1 t^3 \mathrm{d}t = \frac{1}{4} t^4 \Big|_0^1 = \frac{1}{4}.$$

例 10　求定积分 $\int_0^1 \dfrac{1}{1+\sqrt{x}}\mathrm{d}x$.

解　令 $t = \sqrt{x}$，则 $x = t^2$，$\mathrm{d}x = 2t\mathrm{d}t$，

当 $x = 0$ 时，$t = 0$；$x = 1$ 时，$t = 1$，

$$\int_0^1 \frac{1}{1+\sqrt{x}}\mathrm{d}x = \int_0^1 \frac{1}{1+t} 2t\mathrm{d}t = 2\int_0^1 \left(1 - \frac{1}{1+t}\right)\mathrm{d}x = 2\left[t - \ln(1+t)\right]\Big|_0^1 = 2 - 2\ln 2.$$

当积分变量改变时，积分上、下限也必须随之做出相应的改变. 不定积分的换元法最后要代回原变量 x，而定积分的换元法由于改变了上、下限，积分后无须进行回代.

例 11　求定积分 $\int_0^{\ln 2} \mathrm{e}^x (1+\mathrm{e}^x)^2 \mathrm{d}x$.

解　$\displaystyle\int_0^{\ln2} e^x(1+e^x)^2dx = \int_0^{\ln2}(1+e^x)^2d(1+e^x)$（设 $t=1+e^x$）

$$= \int_2^3 t^2dt = \frac{1}{3}t^3\Big|_2^3 = \frac{19}{3}.$$

例 12　设函数 $f(x)$ 在区间 $[-a,a]$ 上连续，证明：

（1）若 $f(x)$ 为奇函数，则 $\displaystyle\int_{-a}^a f(x)dx = 0$；

（2）若 $f(x)$ 为偶函数，则 $\displaystyle\int_{-a}^a f(x)dx = 2\int_0^a f(x)dx.$

证　由定积分的区间可加性，有

$$\int_{-a}^a f(x)dx = \int_{-a}^0 f(x)dx + \int_0^a f(x)dx,$$

对于定积分 $\displaystyle\int_{-a}^0 f(x)dx$，替换 $x=-t$，于是 $dx=-dt$，

当 $x=-a$ 时，$t=a$；当 $x=0$ 时，$t=0$，

则 $\displaystyle\int_{-a}^0 f(x)dx = -\int_a^0 f(t)dt = \int_0^a f(-t)dt = \int_0^a f(-x)dx.$

（1）当 $f(x)$ 为奇函数时，$f(-x)=-f(x)$，$f(x)+f(-x)=0$，

则 $\displaystyle\int_{-a}^a f(x)dx = 0$；

（2）当 $f(x)$ 为偶函数时，$f(-x)=f(x)$，$f(x)+f(-x)=2f(x)$，

则 $\displaystyle\int_{-a}^a f(x)dx = 2\int_0^a f(x)dx.$

该结果可作为公式直接使用.

例 13　求定积分 $\displaystyle\int_{-1}^1 \frac{ax+b}{1+x^2}dx.$

解　由于积分区间 $[-1,1]$ 为对称区间，且 $\dfrac{ax+b}{1+x^2} = \dfrac{ax}{1+x^2} + \dfrac{b}{1+x^2}$，

在区间 $[-1,1]$ 上，$\dfrac{ax}{1+x^2}$ 为奇函数，$\dfrac{b}{1+x^2}$ 为偶函数，

由例 12 的结论，有

$$\int_{-1}^1 \frac{ax+b}{1+x^2}dx = \int_{-1}^1 \frac{ax}{1+x^2}dx + \int_{-1}^1 \frac{b}{1+x^2}dx = 0 + 2\int_0^1 \frac{b}{1+x^2}dx = 2b\arctan x\Big|_0^1 = \frac{\pi b}{2}.$$

2. 分部积分法

定理 4　设函数 $u=u(x)$ 和 $v=v(x)$ 在区间 $[a,b]$ 都有连续导数 $u'(x)$ 和 $v'(x)$，则分部积分公式为 $\displaystyle\int_a^b udv = uv\Big|_a^b - \int_a^b vdu.$

例 14　计算定积分 $\displaystyle\int_0^{\ln2} xe^{-x}dx.$

解　设 $u=x$，$dv=e^{-x}dx$，则 $du=dx$，$v=-e^{-x}$，于是

$$\int_0^{\ln2} xe^{-x}dx = (-xe^{-x})\Big|_0^{\ln2} - \int_0^{\ln2}(-e^{-x})dx = -\frac{1}{2}\ln2 + \int_0^{\ln2}e^{-x}dx = -\frac{1}{2}\ln2 + (-e^{-x})\Big|_0^{\ln2}$$

$$= \frac{1}{2}(1-\ln2).$$

例 15 计算定积分 $\int_0^{\frac{1}{2}} \arcsin x \, dx$.

解 设 $u = \arcsin x$，$dv = dx$，则 $du = \dfrac{1}{\sqrt{1-x^2}} dx$，$v = x$，于是

$$\int_0^{\frac{1}{2}} \arcsin x \, dx = (x\arcsin x) \Big|_0^{\frac{1}{2}} - \int_0^{\frac{1}{2}} x \cdot \frac{1}{\sqrt{1-x^2}} dx$$

$$= \frac{\pi}{12} - \int_0^{\frac{1}{2}} \frac{x}{\sqrt{1-x^2}} dx = \frac{\pi}{12} + \frac{1}{2} \int_0^{\frac{1}{2}} \frac{1}{\sqrt{1-x^2}} d(1-x^2)$$

$$= \frac{\pi}{12} + \sqrt{1-x^2} \Big|_0^{\frac{1}{2}} = \frac{\pi}{12} + \frac{\sqrt{3}}{2} - 1.$$

例 16 计算定积分 $\int_0^{\frac{\pi}{2}} x^2 \sin x \, dx$.

解 $\int_0^{\frac{\pi}{2}} x^2 \sin x \, dx = \int_0^{\frac{\pi}{2}} x^2 d(-\cos x)$

$$= (-x^2\cos x) \Big|_0^{\frac{\pi}{2}} - \int_0^{\frac{\pi}{2}} (-\cos x) d(x^2) = 2\int_0^{\frac{\pi}{2}} x\cos x \, dx = 2\int_0^{\frac{\pi}{2}} x d(\sin x)$$

$$= 2(x\sin x) \Big|_0^{\frac{\pi}{2}} - 2\int_0^{\frac{\pi}{2}} \sin x \, dx$$

$$= \pi - 2(-\cos x) \Big|_0^{\frac{\pi}{2}} = \pi - 2.$$

即学即练 3 – 3

定积分 $\int_0^{\frac{\pi}{2}} e^x \cos x \, dx = $ （ ）.

答案解析

A. $\dfrac{1}{2}(e^{\frac{\pi}{2}} - 1)$　　B. $\dfrac{1}{2}(e^{\pi} - 1)$　　C. $e^{\frac{\pi}{2}} - 1$　　D. $e^{\pi} - 1$

三、无穷区间的广义积分

前面在引入积分定义时，均假设被积函数在积分区间 $[a,b]$ 上是连续的，且积分区间 $[a,b]$ 也是有限的，但在实际中，我们往往会遇到积分区间是无穷区间的问题，为解决这种情形，我们把积分定义加以推广，称这种积分为无穷区间的广义积分.

定义 2 设函数 $f(x)$ 在区间 $[a, +\infty)$ 上连续，且对任意实数 $b > a$，$f(x)$ 在区间 $[a,b]$ 上可积，若极限 $\lim\limits_{b\to +\infty} \int_a^b f(x) dx$ 存在，则称此极限为函数 $f(x)$ 在区间 $[a, +\infty)$ 上的广义积分，记为 $\int_a^{+\infty} f(x) dx$，即

$$\int_a^{+\infty} f(x) dx = \lim_{b\to +\infty} \int_a^b f(x) dx.$$

如果极限 $\lim\limits_{b\to +\infty} \int_a^b f(x) dx$ 存在，则称广义积分 $\int_a^{+\infty} f(x) dx$ 存在或收敛；如果极限 $\lim\limits_{b\to +\infty} \int_a^b f(x) dx$ 不存在，则称 $\int_a^{+\infty} f(x) dx$ 不存在或发散.

类似可得

连续函数 $f(x)$ 在区间 $(-\infty, b]$ 上的广义积分为

$$\int_{-\infty}^{b} f(x)\,\mathrm{d}x = \lim_{a \to -\infty} \int_{a}^{b} f(x)\,\mathrm{d}x;$$

连续函数 $f(x)$ 在区间 $(-\infty, +\infty)$ 上的广义积分为

$$\int_{-\infty}^{+\infty} f(x)\,\mathrm{d}x = \int_{-\infty}^{C} f(x)\,\mathrm{d}x + \int_{C}^{+\infty} f(x)\,\mathrm{d}x \ (C \text{ 为任意常数}).$$

例 17　讨论下列广义积分的敛散性.

$$(1)\ \int_{1}^{+\infty} \frac{1}{x^2}\mathrm{d}x;$$

$$(2)\ \int_{0}^{+\infty} \cos x\,\mathrm{d}x.$$

解　$(1)\ \displaystyle\int_{1}^{+\infty} \frac{1}{x^2}\mathrm{d}x = \lim_{b \to +\infty} \int_{1}^{b} \frac{1}{x^2}\mathrm{d}x = \lim_{b \to +\infty} \left(-\frac{1}{x}\right)\Big|_{1}^{b} = \lim_{b \to +\infty} \left(-\frac{1}{b}\right) + 1 = 1.$

故 $\displaystyle\int_{1}^{+\infty} \frac{1}{x^2}\mathrm{d}x$ 是收敛的;

$$(2)\ \int_{0}^{+\infty} \cos x\,\mathrm{d}x = \lim_{b \to +\infty} \int_{0}^{b} \cos x\,\mathrm{d}x = \lim_{b \to +\infty} \sin x\big|_{0}^{b}$$
$$= \lim_{b \to +\infty} \sin b - 0 = \lim_{b \to +\infty} \sin b.$$

因为 $\displaystyle\lim_{b \to +\infty} \sin b$ 不存在, 故 $\displaystyle\int_{0}^{+\infty} \cos x\,\mathrm{d}x$ 是发散的.

例 18　求 $\displaystyle\int_{-\infty}^{+\infty} \frac{1}{1 + x^2}\mathrm{d}x.$

解　取 $C = 0$,

$$\int_{-\infty}^{+\infty} \frac{1}{1 + x^2}\mathrm{d}x = \int_{-\infty}^{0} \frac{1}{1 + x^2}\mathrm{d}x + \int_{0}^{+\infty} \frac{1}{1 + x^2}\mathrm{d}x$$
$$= (\arctan x)\big|_{-\infty}^{0} + (\arctan x)\big|_{0}^{+\infty} = \left(\lim_{x \to +\infty} \arctan x - \arctan 0\right) + \left(\arctan 0 - \lim_{x \to -\infty} \arctan x\right)$$
$$= \left(\frac{\pi}{2} - 0\right) + \left[0 - \left(-\frac{\pi}{2}\right)\right] = \pi.$$

例 19　设静脉注射某药的血药浓度符合函数 $C = C_0 \mathrm{e}^{-kt}$ (t 为时间), 其中 C_0 为 $t = 0$ 时的血药浓度, k 为正常数, 试求函数 $C - t$ 曲线下的总面积 AUC.

解　$AUC = \displaystyle\int_{0}^{+\infty} C_0 \mathrm{e}^{-kt}\mathrm{d}t = \frac{-C_0}{k}\left[\mathrm{e}^{-kt}\right]\big|_{0}^{+\infty} = \frac{C_0}{k},$

故总面积为 $AUC = \dfrac{C_0}{k}.$

第五节　定积分应用

PPT

一、平面图形的面积

计算由曲线所围成的图形面积, 可归结为计算曲边梯形的面积. 如果平面图形是由连续曲线 $y = f(x)$ 和 $y = g(x)$ 以及 $x = a$ 和 $x = b$ $(a < b)$ 所围成, 并且在 $[a, b]$ 上 $f(x) \geqslant g(x)$, 如图 3 − 6 所示, 则所求其图形的面积为

$$A = \int_a^b [f(x) - g(x)] \,dx.$$

类似的，如果平面图形是由连续曲线 $x = \varphi(y)$ 和 $x = \psi(y)$ 以及直线 $y = c$ 和 $y = d (c < d)$ 所围成，并且在 $[c,d]$ 上 $\varphi(y) \geqslant \psi(y)$，如图 3-7，则所求其图形的面积为

$$A = \int_c^d [\varphi(y) - \psi(y)] \,dy.$$

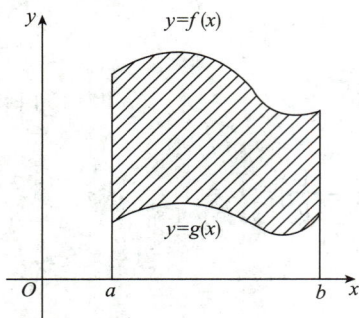

图 3-6

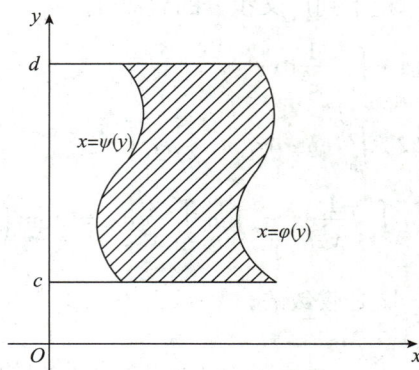

图 3-7

例 1 求由曲线 $y^2 = x$ 与 $y = x^2$ 所围图形的面积（图 3-8）．

解 曲线 $y^2 = x$ 与 $y = x^2$ 在第一象限内的交点为 $(0,0)$，$(1,1)$，
取 x 为积分变量，积分区间为 $[0,1]$，则所求面积为

$$A = \int_0^1 (\sqrt{x} - x^2) \,dx = \left(\frac{2}{3} x^{\frac{3}{2}} - \frac{1}{3} x^3 \right) \Big|_0^1 = \frac{1}{3}.$$

例 2 求由抛物线 $y = x^2 + 1$ 与直线 $y = 3 - x$ 所围图形的面积（图 3-9）．

解 由所给抛物线与直线的方程作方程组，可以解得它们的交点 M 与 N 的横坐标分别为 $x = -2$ 与
$x = 1$，因此积分区间为 $[-2,1]$，则所求面积为

$$A = \int_{-2}^1 [(3 - x) - (x^2 + 1)] \,dx = \int_{-2}^1 (-x^2 - x + 2) \,dx = \left(-\frac{1}{3} x^3 - \frac{1}{2} x^2 + 2x \right) \Big|_{-2}^1 = 4 \frac{1}{2}.$$

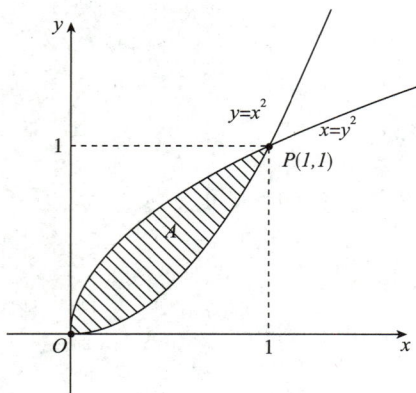

图 3-8

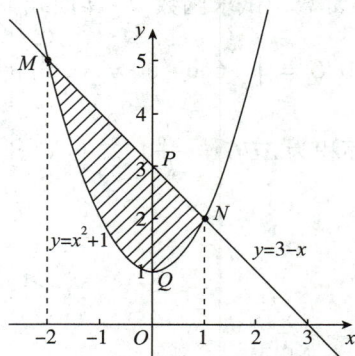

图 3-9

例 3 求由曲线 $y^2 = 2x$ 与直线 $y = x - 4$ 所围图形的面积（图 3-10）．

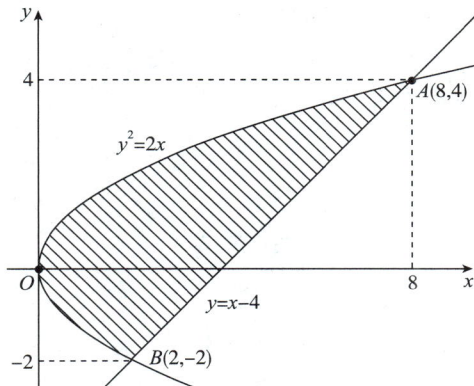

图 3 − 10

解 由方程组 $\begin{cases} y^2 = 2x \\ y = x - 4 \end{cases}$ ，曲线与直线的交点为 $A(8,4)$ ，$B(2,-2)$ ，

选择 y 为积分变量，因此积分区间为 $[-2,4]$ ，则所求面积为

$$A = \int_{-2}^{4} \left(y + 4 - \frac{y^2}{2} \right) \mathrm{d}y = \left(\frac{1}{2}y^2 + 4y - \frac{y^3}{6} \right) \Big|_{-2}^{4} = 18.$$

由此题可以看出正确选择积分变量很重要.

二、旋转体的体积

平面图形围绕着平面内的一条直线旋转一周而得到的几何体称为旋转体，其体积可以由定积分计算得到. 如图 3 − 11 所示，由 $y = f(x)(f(x) \geqslant 0)$ ，$x = a$ ，$x = b$ ，$y = 0$ 所围成的曲边梯形绕 x 轴旋转一周形成的旋转体的体积 V 为

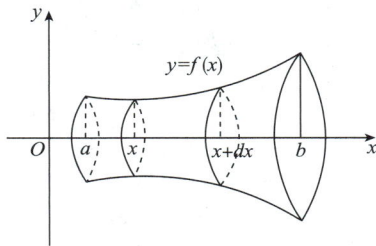

图 3 − 11

$$V = \pi \int_{a}^{b} [f(x)]^2 \mathrm{d}x.$$

同样，可得绕 y 轴旋转的旋转体的体积为

$$V = \pi \int_{c}^{d} [g(y)]^2 \mathrm{d}y.$$

例 4 设 $y = x^2$ 且 $x \in [0,2]$ ，求以 x 轴为旋转轴的旋转体的体积.

解 因为 $f(x) = x^2$ ，则所求体积为

$$V = \int_{0}^{2} \pi (x^2)^2 \mathrm{d}x = \pi \int_{0}^{2} x^4 \mathrm{d}x = \pi \left(\frac{1}{5}x^5 \right) \Big|_{0}^{2} = \frac{32}{5}\pi.$$

例 5 求椭圆 $\dfrac{x^2}{a^2} + \dfrac{y^2}{b^2} = 1$ 绕 x 轴旋转一周所形成的椭球的体积.

解 由椭圆方程，可得 $y^2 = \dfrac{b^2}{a^2}(a^2 - x^2)$ ，

再由物体的对称性可知

$$V = 2\pi \int_{0}^{a} \frac{b^2}{a^2}(a^2 - x^2) \mathrm{d}x = \frac{2\pi b^2}{a^2} \int_{0}^{a} (a^2 - x^2) \mathrm{d}x = \frac{2\pi b^2}{a^2} \left(a^2 x - \frac{x^3}{3} \right) \Big|_{0}^{a} = \frac{4}{3}\pi ab^2 ,$$

所以椭球体积为 $\dfrac{4}{3}\pi ab^2$.

当 $a = b = R$ 时，球的体积为 $V_{球} = \dfrac{4}{3}\pi R^3$.

📱 知识链接

天问一号

2020 年 4 月 24 日，国家航天局正式发布：中国行星探测任务被命名为"天问系列"，首次火星探测任务被命名为"天问一号"，后续行星任务依次编号."天问"来源于两千多年前诗人屈原的长诗《天问》，表达了中华民族对追求真理的坚忍与执着，也体现了对自然和宇宙空间探索的文化传承，寓意着探求科学真理的征途漫漫，追求科技不断创新永无止境.象征"揽星九天"的任务标识，呈现"C"形字样，可谓一箭三雕：代表中国航天（China），代表国际合作精神（Cooperation），同时也代表深空探测进入太空的能力（C3）.

"天问一号"由轨道器与进入器两大部分组成，飞船进入绕火轨道后轨道器与进入器分离，包裹火星车的进入器开始再入火星大气层，整个过程耗时 9 分钟，进入器调整再入火星大气射入角，而后是气动减速、降落伞减速、动力减速、缓冲着陆，一连串动作的目的是让飞船从一万多公里的时速降为零，从而实现火星表面软着陆.进入器的形状是由抛物线旋转后得到的抛物曲面，计算其体积要用定积分的知识解决，因此，利用我们所学的积分知识能把关系到航空航天事业发展的机器精准、完美地呈现出来.

目标检测

答案解析

一、单项选择题

1. 若 $\displaystyle\int f(x)\,\mathrm{d}x = F(x) + C$，则 $\displaystyle\int f(ax + b)\,\mathrm{d}x = (\quad)$.

    A. $aF(ax + b) + C$ B. $\dfrac{1}{a}F(ax + b) + C$

    C. $\dfrac{1}{a}F(x) + C$ D. $aF(x) + C$

2. $\displaystyle\int \dfrac{\mathrm{d}x}{(4x + 1)^{10}} = (\quad)$.

    A. $\dfrac{1}{9}\dfrac{1}{(4x + 1)^9} + C$ B. $\dfrac{1}{36}\dfrac{1}{(4x + 1)^9} + C$

    C. $-\dfrac{1}{36}\dfrac{1}{(4x + 1)^9} + C$ D. $-\dfrac{1}{36}\dfrac{1}{(4x + 1)^{11}} + C$

3. 若 $\displaystyle\int xf(x)\,\mathrm{d}x = x\sin x - \int \sin x\,\mathrm{d}x$，则 $f(x) = (\quad)$.

    A. $\sin x$ B. $\cos x$

    C. $-\cos x$ D. $-\sin x$

4. $\int x\arctan x\,dx = ($).

    A. $\dfrac{1}{2}(x^2+1)\arctan x + C$ B. $\dfrac{1}{2}(x^2+1)\arctan x - \dfrac{1}{2}x + C$

    C. $\dfrac{1}{2}x^2\arctan x - x + C$ D. $\dfrac{1}{2}(x^2+1)\arctan x - x + C$

5. 已知 $f(x)$ 的一个原函数是 $\dfrac{\sin x}{x}$，则 $\int x f'(x)\,dx = ($).

    A. $\cos x - \dfrac{2}{x}\sin x + C$ B. $\dfrac{1}{x}\cos x + C$

    C. $-\cos x + C$ D. $x\sin x + \cos x + C$

6. 设 $\varphi(x) = \int_0^{x^2} e^{-t}\,dt$ ，则 $\varphi'(x) = ($).

    A. e^{-x^2} B. $-e^{-x^2}$ C. $2xe^{-x^2}$ D. $-2xe^{-x^2}$

7. 下列定积分为零的是 ( ).

    A. $\int_{-\frac{\pi}{4}}^{\frac{\pi}{4}} \dfrac{\arctan x}{1+x^2}\,dx$ B. $\int_{-\frac{\pi}{4}}^{\frac{\pi}{4}} x\arcsin x\,dx$

    C. $\int_{-1}^{1} \dfrac{e^x + e^{-x}}{2}\,dx$ D. $\int_{-1}^{1} (x^2+x)\sin x\,dx$

8. 下列无穷积分中收敛的是 ( ).

    A. $\int_1^{+\infty} e^x\,dx$ B. $\int_1^{+\infty} \dfrac{1}{x^2}\,dx$

    C. $\int_1^{+\infty} \dfrac{1}{\sqrt[3]{x}}\,dx$ D. $\int_1^{+\infty} \dfrac{1}{x}\,dx$

9. 曲线 $y = x^2$ 与直线 $y = 1$ 所围成的图形面积是 ( ).

    A. $\dfrac{2}{3}$ B. $\dfrac{3}{4}$ C. $\dfrac{4}{3}$ D. 1

10. 设 $f(x) = \begin{cases} xe^{-x}, & x \leqslant 0 \\ x^2, & 0 < x \leqslant 1 \end{cases}$ ，则 $\int_{-3}^{1} f(x)\,dx = ($).

    A. e^3 B. $-2e^3$

    C. $2e^3 + \dfrac{2}{3}$ D. $-2e^3 - \dfrac{2}{3}$

二、填空题

1. 设 $\int f(x)\,dx = \arctan x + c$，则 $f(x) = $ ＿＿＿＿＿＿＿＿＿＿＿＿＿.

2. $\dfrac{d}{dx}\int_1^x (e^{2t} - t - 1)\,dt = $ ＿＿＿＿＿＿＿＿＿＿＿＿＿.

3. 设 $f(x) = e^{-x}$ ，则 $\int \dfrac{f'(\ln x)}{x}\,dx = $ ＿＿＿＿＿＿＿＿＿＿＿＿＿.

4. $\dfrac{d}{dx}\left(\int_1^e e^{-x^2}\,dx \right) = $ ＿＿＿＿＿＿＿＿＿＿＿＿＿.

5. 不定积分 $\int \dfrac{1}{1 + \sqrt{x}}\,dx = $ ＿＿＿＿＿＿＿＿＿＿＿＿＿.

三、解答题

1. 设 $f(x)$ 的一个原函数为 $\ln x$，求 $\int f(x)f'(x)\mathrm{d}x$.

2. 求曲线 $y = \cos x$ 与 $y = \sin x$ 在区间 $[0,\pi]$ 上所围平面图形的面积.

3. 设 $\int f(x)\mathrm{d}x = 3\mathrm{e}^{\frac{x}{3}} - x + C$，求 $\lim\limits_{x\to0}\dfrac{f(x)}{x}$.

4. 计算不定积分 $\int \mathrm{e}^x\sqrt{3 + 2\mathrm{e}^x}\mathrm{d}x$.

5. 求曲线 $y = \sqrt{x}$ 和直线 $y = x$ 所围图形绕 x 轴旋转一周的旋转体体积.

书网融合……

知识回顾

微课

习题

第二篇
提高篇

第四章　向量与空间解析几何

学习引导

随着科技的进步，航空航天技术日新月异，特别是无人机技术，近年来迅速发展，在各类庆典中经常能看到无人机方阵的精彩表演. 成百上千架无人机在空中协同配合，变换各种阵型而不相撞，其方阵的操控就运用了空间坐标系的相关知识.

本章将在介绍空间直角坐标系的基础上，给出空间向量的概念，学习平面与空间直线的方程，认识常见的曲面.

学习目标

1. **掌握**　空间中两点间的距离公式；空间向量的线性运算、数量积、向量积；空间向量的坐标表示；两向量平行与垂直的条件；求平面的点法式方程、一般式方程；求平面与平面的夹角；求点到平面的距离；求空间直线的一般式方程、对称式方程.
2. **熟悉**　空间直角坐标系；向量的概念.
3. **了解**　常见曲面方程.

PPT

第一节　空间直角坐标系

一、空间点的坐标

1. 空间直角坐标系的定义　在空间中取定点 O ，过 O 点作三条相互垂直的数轴，它们具有相同的单位长度. 这三条数轴分别称为 x 轴、y 轴、z 轴，定点 O 称为原点，我们将 x 轴、y 轴置于水平面，z 轴垂直于水平面，并根据右手螺旋法则规定它们的正方向，所得出的坐标系称为右手直角坐标系（图 4-1）.

我们将每两个坐标轴确定的平面称为坐标平面，简称坐标面.

x 轴与 y 轴所确定的坐标面称为 xOy 面；

y 轴与 z 轴所确定的坐标面称为 yOz 面；

z 轴与 x 轴所确定的坐标面称为 zOx 面.

2. 空间点的坐标表示　设 M 点为空间中的任意一点，过 M 点作垂直于 xOy 面的直线，垂足为 M' ，过 M' 分别作垂直于 x 轴、垂直于 y 轴的直线，垂足分别为 P 、Q ；过 M 点作垂直于 z 轴的直线，垂足为 R. 设 x 、y 、z 分别是 P 、Q 、R 点在数轴上的坐标，则有序数组 (x,y,z) 称为 M 点在空间直角坐标系下的

58

坐标，记为 $M(x,y,z)$，如图 4-2 所示.

空间中的点与其坐标是一一对应的.

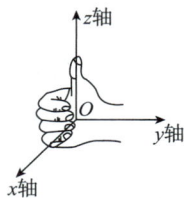

图 4-1

图 4-2

二、空间两点间的距离

设 $M_1(x_1,y_1,z_1)$ 和 $M_2(x_2,y_2,z_2)$ 分别为空间中的任意两点，在空间中作一个以 M_1 和 M_2 为对角线顶点的长方体，使其三个相邻的面分别平行于三个坐标面（图 4-3）.

$$|M_1M_2|^2 = |M_1Q|^2 + |M_2Q|^2 = |M_1P|^2 + |PQ|^2 + |M_2Q|^2$$

长方体与 x 轴平行边的边长为 $|x_2-x_1|$；与 y 轴平行边的边长为 $|y_2-y_1|$；与 z 轴平行边的边长为 $|z_2-z_1|$，所以 $|M_1M_2|^2 = (x_2-x_1)^2 + (y_2-y_1)^2 + (z_2-z_1)^2$.

图 4-3

故空间两点间的距离公式为 $|M_1M_2| = \sqrt{(x_2-x_1)^2 + (y_2-y_1)^2 + (z_2-z_1)^2}$.

例 计算空间中 $A(1,2,3)$，$B(3,2,1)$ 两点之间的距离.

解 根据空间两点的距离公式，有

$$|AB| = \sqrt{(3-1)^2 + (2-2)^2 + (1-3)^2} = 2\sqrt{2}.$$

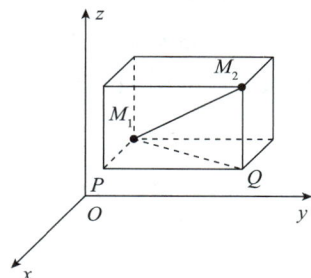

即学即练 4-1

在 x 轴上与点 $A(1,2,3)$ 和点 $B(3,2,1)$ 距离相等的点的坐标为（　）.

A. $(0,0,0)$ 　　　　B. $(1,0,0)$ 　　　　C. $(-1,0,0)$ 　　　　D. $(2,0,0)$

答案解析

第二节　空间向量

PPT

一、空间向量的概念

既有大小，又有方向的量，称为向量（或矢量），如力、位移、速度、加速度等.

数学上，我们常用一条有方向的线段来表示向量. 线段的长度表示向量的大小，线段的方向表示向量的方向. 如起点为 M，终点为 N 的向量记为 $\overrightarrow{MN}$. 也可以用小写黑体字母表示向量，如 $\boldsymbol{a}$，$\boldsymbol{b}$，$\boldsymbol{c}$ 或 $\overrightarrow{a}$，$\overrightarrow{b}$，$\overrightarrow{c}$.

向量的大小称为向量的模，用 $|\boldsymbol{a}|$，$|\vec{a}|$ 或者 $|\overrightarrow{MN}|$ 表示.

模为 1 的向量称为单位向量.

模为 0 的向量称为零向量，记为 $\boldsymbol{0}$ 或 $\vec{0}$. 零向量的方向可以看作任意方向.

如果两个向量 $\boldsymbol{a}$ 和 $\boldsymbol{b}$ 的大小相等，方向相同，则称 $\boldsymbol{a}$ 和 $\boldsymbol{b}$ 相等，记作 $\boldsymbol{a} = \boldsymbol{b}$. 也就是说，经过平移后能完全重合的向量是相等的.

二、空间向量的线性运算

1. 向量的加法　设有 $\boldsymbol{a}$ 和 $\boldsymbol{b}$ 两个向量，根据向量可以平移的性质，将 $\boldsymbol{b}$ 向量的起点置于 $\boldsymbol{a}$ 向量的终点上，则自 $\boldsymbol{a}$ 向量的起点到 $\boldsymbol{b}$ 向量的终点的向量为向量 $\boldsymbol{a} + \boldsymbol{b}$，这种求向量的方法称为向量加法的三角形法则（图 4 – 4）.

将向量 $\boldsymbol{a}$ 与 $\boldsymbol{b}$ 的起点放在一起，并以 $\boldsymbol{a}$ 和 $\boldsymbol{b}$ 为邻边作平行四边形，则从起点到对角定点的向量称为向量 $\boldsymbol{a}$ 与 $\boldsymbol{b}$ 的和向量，记作 $\boldsymbol{a} + \boldsymbol{b}$. 这种求向量的方法称为向量加法的平行四边形法则（图 4 – 5）.

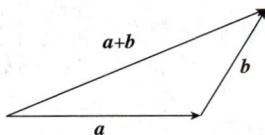
图 4 – 4

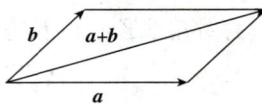
图 4 – 5

向量的加法符合下列运算规律：

（1）交换律：$\boldsymbol{a} + \boldsymbol{b} = \boldsymbol{b} + \boldsymbol{a}$；

（2）结合律：$(\boldsymbol{a} + \boldsymbol{b}) + \boldsymbol{c} = \boldsymbol{a} + (\boldsymbol{b} + \boldsymbol{c})$.

2. 向量与数的乘法　设 λ 为实数，向量 $\boldsymbol{a}$ 与实数 λ 的乘积是一个向量，记作 $\lambda \boldsymbol{a}$，则其模为

$$|\lambda \boldsymbol{a}| = |\lambda| |\boldsymbol{a}|$$

当 $\lambda > 0$ 时，$\lambda \boldsymbol{a}$ 的方向与 $\boldsymbol{a}$ 相同；当 $\lambda < 0$ 时，$\lambda \boldsymbol{a}$ 的方向与 $\boldsymbol{a}$ 相反；当 $\lambda = 0$ 时，$\lambda \boldsymbol{a}$ 为零向量.

向量与数的乘法符合下列运算规律：

（1）结合律：$\lambda(\mu \boldsymbol{a}) = (\mu\lambda)\boldsymbol{a} = (\lambda\mu)\boldsymbol{a}$

（2）分配律：$(\lambda + \mu)\boldsymbol{a} = \lambda\boldsymbol{a} + \mu\boldsymbol{a}$；$\lambda(\boldsymbol{a} + \boldsymbol{b}) = \lambda\boldsymbol{a} + \lambda\boldsymbol{b}$.

向量的加法运算及向量与数的乘法运算称为向量的线性运算.

三、空间向量的坐标表示

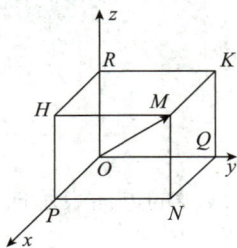
图 4 – 6

1. 向量的坐标表示　设 $\boldsymbol{i}$、$\boldsymbol{j}$、$\boldsymbol{k}$ 分别为 x 轴、y 轴、z 轴正方向上的单位向量，对于任意向量 $\boldsymbol{r}$，我们将其起点移动到坐标原点，设终点为 M，以 OM 为对角线，三条坐标轴为棱长作长方体，与 x 轴交于 P 点，与 y 轴交于 Q 点，与 z 轴交于 R 点（图 4 – 6）.

可以得到

$$\boldsymbol{r} = \overrightarrow{OM} = \overrightarrow{OP} + \overrightarrow{PN} + \overrightarrow{NM} = \overrightarrow{OP} + \overrightarrow{OQ} + \overrightarrow{OR}$$

设 M 点的坐标为 (x, y, z)，则 $\overrightarrow{OP} = x\boldsymbol{i}$，$\overrightarrow{OQ} = y\boldsymbol{j}$，$\overrightarrow{OR} = z\boldsymbol{k}$.

$$r = \overrightarrow{OM} = x\boldsymbol{i} + y\boldsymbol{j} + z\boldsymbol{k}.$$

我们称有序数 x、y、z 为向量 $\boldsymbol{r}$ 在空间直角坐标系中的坐标，记为 $\boldsymbol{r} = (x,y,z)$. 称 $\overrightarrow{OM}$ 为点 M 关于原点 O 的向径.

向量 $\boldsymbol{r}$ 的模长可用坐标表示为

$$|\boldsymbol{r}| = \sqrt{x^2 + y^2 + z^2}.$$

2. 坐标下向量的线性运算　设 $\boldsymbol{a} = a_1\boldsymbol{i} + a_2\boldsymbol{j} + a_3\boldsymbol{k}$，$\boldsymbol{b} = b_1\boldsymbol{i} + b_2\boldsymbol{j} + b_3\boldsymbol{k}$，利用向量的坐标，可得出向量的线性运算如下：

（1）$\boldsymbol{a} + \boldsymbol{b} = (a_1 + b_1)\boldsymbol{i} + (a_2 + b_2)\boldsymbol{j} + (a_3 + b_3)\boldsymbol{k}$，即 $\boldsymbol{a} + \boldsymbol{b} = (a_1 + b_1, a_2 + b_2, a_3 + b_3)$；

（2）$\boldsymbol{a} - \boldsymbol{b} = (a_1 - b_1)\boldsymbol{i} + (a_2 - b_2)\boldsymbol{j} + (a_3 - b_3)\boldsymbol{k}$，即 $\boldsymbol{a} - \boldsymbol{b} = (a_1 - b_1, a_2 - b_2, a_3 - b_3)$；

（3）$\lambda\boldsymbol{a} = \lambda a_1\boldsymbol{i} + \lambda a_2\boldsymbol{j} + \lambda a_3\boldsymbol{k}$，即 $\lambda\boldsymbol{a} = (\lambda a_1, \lambda a_2, \lambda a_3)$.

例1　求以 $M_1(1,2,3)$ 为起点，$M_2(3,2,1)$ 为终点的向量的坐标表达式.

解　利用向量的坐标运算，可以得出

$$\overrightarrow{M_1M_2} = (1 - 3)\boldsymbol{i} + (2 - 2)\boldsymbol{j} + (3 - 1)\boldsymbol{k} = -2\boldsymbol{i} + 2\boldsymbol{k}.$$

四、空间向量的数量积与向量积

1. 空间向量的数量积　设一物体在力 $\boldsymbol{F}$ 的作用下，从 A 点移动到 B 点（图 4-7），则力 $\boldsymbol{F}$ 所做的功为

$$W = |\boldsymbol{F}||AB|\cos\theta.$$

在该例中，力和位移都是向量，所做的功等于两个向量的模及其夹角余弦的乘积. 我们称这样的运算为向量的数量积.

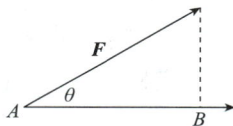
图 4-7

定义1　设向量 $\boldsymbol{a}$ 与 $\boldsymbol{b}$ 之间的夹角为 $\theta(0 \leq \theta \leq \pi)$，则称 $|\boldsymbol{a}||\boldsymbol{b}|\cos\theta$ 为 $\boldsymbol{a}$ 与 $\boldsymbol{b}$ 的数量积（或点积），记作

$$\boldsymbol{a} \cdot \boldsymbol{b} = |\boldsymbol{a}||\boldsymbol{b}|\cos\theta.$$

根据数量积的定义，我们可以得出如下性质.

性质1　$\boldsymbol{a} \cdot \boldsymbol{a} = |\boldsymbol{a}|^2.$

性质2　$\boldsymbol{a} \cdot \boldsymbol{b} = 0 \Leftrightarrow \boldsymbol{a} \perp \boldsymbol{b}.$

性质1是求向量模长的依据，性质2是判断两向量垂直的依据.

向量的数量积满足如下运算规律：

（1）交换律：$\boldsymbol{a} \cdot \boldsymbol{b} = \boldsymbol{b} \cdot \boldsymbol{a}$；

（2）分配率：$\boldsymbol{a} \cdot (\boldsymbol{b} + \boldsymbol{c}) = \boldsymbol{a} \cdot \boldsymbol{b} + \boldsymbol{a} \cdot \boldsymbol{c}$；

（3）结合律：$(\lambda\boldsymbol{a}) \cdot \boldsymbol{b} = \lambda(\boldsymbol{a} \cdot \boldsymbol{b})$.

例2　设 $\boldsymbol{i}$、$\boldsymbol{j}$、$\boldsymbol{k}$ 分别为 x 轴、y 轴、z 轴正方向上的单位向量，求 $\boldsymbol{i} \cdot \boldsymbol{i}$，$\boldsymbol{j} \cdot \boldsymbol{j}$，$\boldsymbol{k} \cdot \boldsymbol{k}$，$\boldsymbol{i} \cdot \boldsymbol{j}$，$\boldsymbol{i} \cdot \boldsymbol{k}$，$\boldsymbol{j} \cdot \boldsymbol{i}$，$\boldsymbol{j} \cdot \boldsymbol{k}$，$\boldsymbol{k} \cdot \boldsymbol{i}$，$\boldsymbol{k} \cdot \boldsymbol{j}$.

解　根据向量数量积的定义，可以得出

$\boldsymbol{i} \cdot \boldsymbol{i} = |\boldsymbol{i}||\boldsymbol{i}|\cos 0 = 1$，同理，$\boldsymbol{j} \cdot \boldsymbol{j} = 1, \boldsymbol{k} \cdot \boldsymbol{k} = 1$；

$\boldsymbol{i} \cdot \boldsymbol{j} = \boldsymbol{j} \cdot \boldsymbol{i} = |\boldsymbol{i}||\boldsymbol{j}|\cos\dfrac{\pi}{2} = 0$；

$$i \cdot k = k \cdot i = |i||k|\cos\frac{\pi}{2} = 0;$$

$$j \cdot k = k \cdot j = |j||k|\cos\frac{\pi}{2} = 0.$$

设 $a = a_1 i + a_2 j + a_3 k, b = b_1 i + b_2 j + b_3 k$，根据向量数量积的定义，可以得出两向量数量积的坐标表示式为

$$a \cdot b = (a_1 i + a_2 j + a_3 k) \cdot (b_1 i + b_2 j + b_3 k)$$
$$= a_1 b_1 i \cdot i + a_1 b_2 i \cdot j + a_1 b_3 i \cdot k + a_2 b_1 j \cdot i + a_2 b_2 j \cdot j + a_2 b_3 j \cdot k + a_3 b_1 k \cdot i + a_3 b_2 k \cdot j + a_3 b_3 k \cdot k$$
$$= a_1 b_1 + a_2 b_2 + a_3 b_3$$

根据 $a \cdot b = |a||b|\cos\theta$，可以得出两向量余弦的坐标表示式为

$$\cos\theta = \frac{a \cdot b}{|a||b|} = \frac{a_1 b_1 + a_2 b_2 + a_3 b_3}{\sqrt{a_1{}^2 + a_2{}^2 + a_3{}^2}\sqrt{b_1{}^2 + b_2{}^2 + b_3{}^2}}.$$

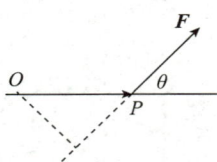

2. 空间向量的向量积　设 O 为一杠杆的支点，力 F 作用于杠杆点 P 处（图 4-8），则力 F 对支点 O 的力矩 M 的大小为

$$|M| = |F||\overrightarrow{OP}|\sin\theta.$$

M 的方向：伸出右手，让右手的四个手指指向 $\overrightarrow{OP}$ 的方向，然后沿角度小于 π 的方向转向 F 时，右手大拇指的指向.

图 4-8

力矩既有大小又有方向，显然也是一个向量.

定义 2　设向量 a 与 b 之间的夹角为 $\theta(0 \le \theta \le \pi)$，$a$ 与 b 的向量积（或叉积）仍为一个向量，记作 $a \times b$，并规定如下：

（1）$|a \times b| = |a||b|\sin\theta$；

（2）$a \times b$ 的方向：垂直于 a 与 b 所决定的平面，按右手规则从 a 转向 b 来确定.

根据向量积的定义，我们可以得出如下性质.

性质 3　$a \times a = 0$；

性质 4　设 a 与 b 为非零向量，则 $a \times b = 0 \Leftrightarrow a \parallel b$.

性质 4 是判断两向量平行的依据.

向量的向量积满足如下运算规律：

（1）反交换律：$a \times b = -b \times a$；

（2）分配律：$a \times (b + c) = a \times b + a \times c$；

（3）结合律：$(\lambda a) \times b = \lambda(a \times b) = a \times (\lambda b)$.

例 3　设 i、j、k 分别为 x 轴、y 轴、z 轴正方向上的单位向量，求 $i \times i$，$j \times j$，$k \times k$，$i \times j$，$i \times k$，$j \times i$，$j \times k$，$k \times i$，$k \times j$.

解　根据数量积的定义，可以得出

$$i \times i = 0,\ j \times j = 0,\ k \times k = 0;$$
$$i \times j = k,\ j \times k = i,\ k \times i = j;$$
$$j \times i = -k,\ k \times j = -i,\ i \times k = -j.$$

设 $a = a_1 i + a_2 j + a_3 k, b = b_1 i + b_2 j + b_3 k$，根据向量积的定义，可以得出向量积的坐标表示式为

$$a \times b = (a_1 i + a_2 j + a_3 k) \times (b_1 i + b_2 j + b_3 k)$$

$$= a_1b_1\boldsymbol{i}\times\boldsymbol{i} + a_1b_2\boldsymbol{i}\times\boldsymbol{j} + a_1b_3\boldsymbol{i}\times\boldsymbol{k} + a_2b_1\boldsymbol{j}\times\boldsymbol{i} + a_2b_2\boldsymbol{j}\times\boldsymbol{j} + a_2b_3\boldsymbol{j}\times\boldsymbol{k} + a_3b_1\boldsymbol{k}\times\boldsymbol{i} + a_3b_2\boldsymbol{k}\times\boldsymbol{j} + a_3b_3\boldsymbol{k}\times\boldsymbol{k}$$
$$= (a_2b_3 - a_3b_2)\boldsymbol{i} + (a_3b_1 - a_1b_3)\boldsymbol{j} + (a_1b_2 - a_2b_1)\boldsymbol{k}.$$

利用三阶行列式，上式可写成

$$\boldsymbol{a}\times\boldsymbol{b} = \begin{vmatrix} \boldsymbol{i} & \boldsymbol{j} & \boldsymbol{k} \\ a_1 & a_2 & a_3 \\ b_1 & b_2 & b_3 \end{vmatrix}.$$

例4 设 $\boldsymbol{a} = (1,2,3)$，$\boldsymbol{b} = (3,2,1)$，求 $\boldsymbol{a}\times\boldsymbol{b}$.

解 $\boldsymbol{a}\times\boldsymbol{b} = \begin{vmatrix} \boldsymbol{i} & \boldsymbol{j} & \boldsymbol{k} \\ 1 & 2 & 3 \\ 3 & 2 & 1 \end{vmatrix} = -4\boldsymbol{i} + 8\boldsymbol{j} - 4\boldsymbol{k}.$

即学即练 4-2

设三点 $A(1,2,3)$，$B(4,5,7)$，$C(2,4,7)$，则三角形 ABC 的面积为（　　）.

答案解析　A. 5　　　　B. $2\sqrt{2}$　　　　C. $\frac{1}{2}\sqrt{89}$　　　　D. 4

第三节　平面方程与空间直线方程

PPT

一、平面方程 微课

1. 平面的点法式方程　设非零向量 $\boldsymbol{n}$ 垂直于一平面，则称 $\boldsymbol{n}$ 为该平面的法向量.

设点 $M_0(x_0,y_0,z_0)$ 在平面 $\prod$ 上，$\boldsymbol{n} = (A,B,C)$ 为平面 $\prod$ 的法向量，$M(x,y,z)$ 为平面 $\prod$ 上任意一点，则 $\overrightarrow{M_0M}$ 与 $\boldsymbol{n}$ 垂直，有

$$\overrightarrow{M_0M}\cdot\boldsymbol{n} = 0$$

即
$$A(x - x_0) + B(y - y_0) + C(z - z_0) = 0 \tag{4.1}$$

方程（4.1）就是平面的点法式方程.

例1　求过点 $M_0(1,2,3)$，且以 $\boldsymbol{n}(1,1,2)$ 为法向量的平面方程.

解　设 $M(x,y,z)$ 为平面上任意一点，根据平面的点法式方程，可得
$$(x - 1) + (y - 2) + 2(z - 3) = 0，$$
即 $x + y + 2z - 9 = 0$.

例2　求过三点 $A(1,0,0)$，$B(0,1,0)$，$C(0,0,1)$ 的平面方程.

解　根据题意，可得
$$\overrightarrow{AB} = (-1,1,0)；\overrightarrow{AC} = (-1,0,1)，$$

平面的法向量 $\boldsymbol{n} = \overrightarrow{AB}\times\overrightarrow{AC} = \begin{vmatrix} \boldsymbol{i} & \boldsymbol{j} & \boldsymbol{k} \\ -1 & 1 & 0 \\ -1 & 0 & 1 \end{vmatrix} = \boldsymbol{i} + \boldsymbol{j} + \boldsymbol{k}.$

根据平面的点法式方程，由点 $A(1,0,0)$，法向量 $\boldsymbol{n} = (1,1,1)$ 可得出所求平面方程为
$$(x - 1) + y + z = 0，$$

即 $x + y + z - 1 = 0$.

2. 平面的一般式方程 根据平面的点法式方程 $A(x - x_0) + B(y - y_0) + C(z - z_0) = 0$，整理可得

$$Ax + By + Cz - (Ax_0 + By_0 + Cz_0) = 0.$$

令 $D = -(Ax_0 + By_0 + Cz_0)$，则有

$$Ax + By + Cz + D = 0. \tag{4.2}$$

方程（4.2）就是平面的一般式方程，其中 x、y、z 的系数就是该平面法向量的坐标，即 $\boldsymbol{n} = (A, B, C)$。

例 3 求过点 $M_0(1, 0, 0)$，且与平面 $x + 2y + 3z = 1$ 平行的平面方程.

解 令所求平面为 $Ax + By + Cz + D = 0$,

因所求平面与平面 $x + 2y + 3z = 1$ 平行，故所求平面的法向量 $\boldsymbol{n} = (1, 2, 3)$,

可得 $x + 2y + 3z + D = 0$.

将 $M_0(1, 0, 0)$ 代入上式，得 $D = -1$,

故所求平面方程为

$$x + 2y + 3z - 1 = 0.$$

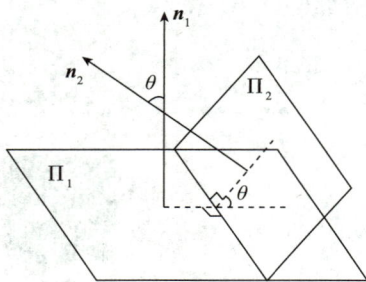

图 4 - 9

3. 平面的夹角 设两个平面 $\prod_1$ 和 $\prod_2$ 的法向量分别为 $\boldsymbol{n}_1$、$\boldsymbol{n}_2$，则 $\boldsymbol{n}_1$、$\boldsymbol{n}_2$ 的夹角（锐角或直角）θ 称为平面 $\prod_1$ 和 $\prod_2$ 的夹角（图4 - 9）. 我们可以通过两向量余弦的坐标表示式来求解两平面的夹角.

例 4 求两平面 $x - y + 2z + 1 = 0, 2x + y + z - 1 = 0$ 的夹角.

解 两平面的向量分别为 $\boldsymbol{n}_1(1, -1, 2), \boldsymbol{n}_2(2, 1, 1)$,

$$\cos\theta = \frac{\boldsymbol{n}_1 \cdot \boldsymbol{n}_2}{|\boldsymbol{n}_1||\boldsymbol{n}_2|} = \frac{1 \times 2 + (-1) \times 1 + 2 \times 1}{\sqrt{1^2 + (-1)^2 + 2^2}\sqrt{2^2 + 1^2 + 1^2}} = \frac{1}{2},$$

故两平面的夹角 $\theta = \dfrac{\pi}{3}$.

📖 **知识链接**

生活中的空间解析几何

植物学家利用空间中平面夹角的知识测量发现，很多植物相邻两片叶子之间的夹角约为137.5°，这个角度对叶子的采光、通风来说都是最佳的. 在保证植物的采光、通风的前提下，如何对植物所在空间进行合理布局搭配，也需要大量的空间解析几何知识. 在现代园林设计中，常常根据不同植物的形态、高度及其所占的面积，在布局空间时建立空间直角坐标系，将植物搭配的要求看作坐标参数，构建出模型，通过大量测算和数据分析，最终找出最佳设计方案.

生活中处处都有几何学，需要我们用科学的思想去发现和研究. 人类的知识和智慧，是在不断学习和不断思考中获得的，只有善于思考，将理论知识应用到实际生活生产当中，才能真正形成自己的智慧，在工作和学习中有所成就.

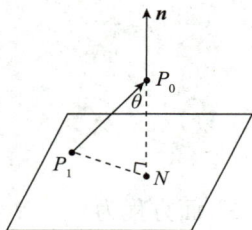

图 4 - 10

4. 点到平面的距离公式 设 $P_0(x_0, y_0, z_0)$ 是平面 $Ax + By + Cz + D = 0$ 外一点，$\boldsymbol{n}$ 为平面的法向量，过 P_0 作该平面的垂线，垂足为 N，则 $|\overrightarrow{P_0N}|$ 为 P_0 到该平面的距离.

在该平面上任取一点 $P_1(x_1, y_1, z_1)$，如图4 - 10所示，则

$$|\overrightarrow{P_0N}| = |\overrightarrow{P_1P_0}||\cos\theta| = \frac{|\overrightarrow{P_1P_0} \cdot \boldsymbol{n}|}{|\boldsymbol{n}|} = \frac{|Ax_0 + By_0 + Cz_0 + D|}{\sqrt{A^2 + B^2 + C^2}},$$

故点到平面的距离公式为

$$d = \frac{|Ax_0 + By_0 + Cz_0 + D|}{\sqrt{A^2 + B^2 + C^2}}.$$

例 5 求点 $P(1,1,1)$ 到平面 $2x + 2y + z - 2 = 0$ 的距离.

解 利用点到平面的距离公式, 可得

$$d = \frac{|2 \times 1 + 2 \times 1 + 1 \times 1 - 2|}{\sqrt{2^2 + 2^2 + 1^2}} = 1.$$

二、空间直线方程

1. 空间直线的一般式方程 空间直线可以看成两个平面的交线, 设两个相交的平面方程分别为 $A_1 x + B_1 y + C_1 z + D_1 = 0$ 和 $A_2 x + B_2 y + C_2 z + D_2 = 0$, 其交线上任意一点的坐标应同时满足这两个平面的方程, 将两个平面的方程联立, 可得

$$\begin{cases} A_1 x + B_1 y + C_1 z + D_1 = 0, \\ A_2 x + B_2 y + C_2 z + D_2 = 0. \end{cases} \tag{4.3}$$

方程 (4.3) 就是空间直线的一般式方程.

2. 空间直线的对称式方程 设非零向量 s 平行与一条空间直线, 则称 s 为该直线的方向向量.

设点 $M_0(x_0, y_0, z_0)$ 在直线 L 上, $M(x, y, z)$ 为直线 L 上任意一点, 则 $\overrightarrow{M_0 M}$ 与直线 L 的方向向量平行. 设直线 L 的方向向量为 $s = (m, n, p)$, 根据两向量平行的性质, 可得

$$\frac{x - x_0}{m} = \frac{y - y_0}{n} = \frac{z - z_0}{p} \tag{4.4}$$

方程 (4.4) 就是空间直线的对称式方程 (或点向式方程).

若令 $\dfrac{x - x_0}{m} = \dfrac{y - y_0}{n} = \dfrac{z - z_0}{p} = t$, 则可以推导出空间直线的参数方程为

$$\begin{cases} x = x_0 + mt, \\ y = y_0 + nt, \\ z = z_0 + pt. \end{cases} \tag{4.5}$$

例 6 用对称式方程表示直线 $\begin{cases} x + 2y + 3z + 1 = 0, \\ 3x + y + z - 1 = 0. \end{cases}$

解 先找到该直线上任意一点, 令 $x = 1$, 代入方程组, 得

$$\begin{cases} 2y + 3z + 2 = 0, \\ y + z + 2 = 0. \end{cases}$$

解得 $y = -4, z = 2$, 即 $(1, -4, 2)$ 是该直线上的点.

该直线的方向向量 s 与两平面的法向量 $n_1(1, 2, 3)$, $n_2(3, 1, 1)$ 均垂直, 即

$$s = n_1 \times n_2 = \begin{vmatrix} i & j & k \\ 1 & 2 & 3 \\ 3 & 1 & 1 \end{vmatrix} = -i + 8j - 5k,$$

故直线的对称式方程为

$$\frac{x-1}{-1} = \frac{y+4}{8} = \frac{z-2}{-5}.$$

实例分析

实例　在药厂厂房建设中，常常需要将厂房内两条交叉管道联通起来．在以厂房所在位置建立的单位长度为 1 米的空间直角坐标系中，管道 L_1 上的接口 A 坐标为 $(2,4,5)$，另一管道 L_2 所在直线的方程为 $\frac{x-1}{2} = \frac{y-2}{3} = \frac{z-3}{6}$．

答案解析

问题　连接管道 L_1 上的接口 A 与管道 L_2 至少需要多长的管道？

PPT

第四节　常见曲面方程

一、柱面

定义 1　直线 L 沿定曲线 C 平行移动形成的轨迹称为柱面，定曲线 C 称为柱面的准线，动直线 L 称为柱面的母线．

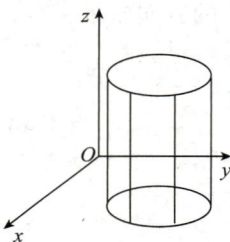

图 4-11

例 1　在空间直角坐标系中，以 xOy 面上的椭圆 $\frac{x^2}{a^2} + \frac{y^2}{b^2} = 1$ 为准线，如图 4-11 所示，平行于 z 轴的直线为母线的椭圆柱面方程为

$$\frac{x^2}{a^2} + \frac{y^2}{b^2} = 1.$$

一般的，空间直角坐标系中只含有 x、y，而缺少 z 的方程 $F(x,y)=0$ 表示母线平行于 z 轴的柱面，准线为 xOy 面上的曲线 $F(x,y)=0$．可见，空间直角坐标系中，含两个变量的方程表示柱面，柱面的母线平行于所缺变量对应的坐标轴．

二、旋转曲面

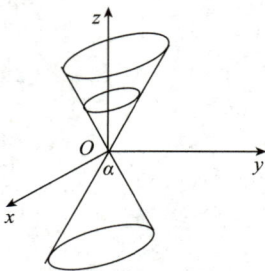

图 4-12

定义 2　一条平面曲线 C 绕其平面上一条定直线 L 旋转一周所形成的曲面称为旋转曲面，旋转曲线 C 称为旋转曲面的母线，定直线 L 称为旋转曲面的轴．

例 2　在空间直角坐标系中，直线 L 绕另一条与 L 相交的直线旋转一周，所得的旋转曲面称为圆锥面，两直线的交点称为圆锥面的顶点，两直线的夹角 $\alpha\left(0 < \alpha < \frac{\pi}{2}\right)$ 称为圆锥面的半顶角．顶点在原点，以 z 轴为旋转轴，如图 4-12 所示，半顶角为 α 的圆锥面方程为

$$z = \pm\sqrt{x^2+y^2}\cot\alpha.$$

三、二次曲面

定义 3　空间直角坐标系中，三元二次方程 $F(x,y,z)=0$ 所表示的图形称为二次曲面．

常见的二次曲面如下.

1. 球面

$$(x - x_0)^2 + (y - y_0)^2 + (z - z_0)^2 = R^2,$$

$M_0(x_0, y_0, z_0)$ 为球心，R 为半径，如图 4 - 13 所示

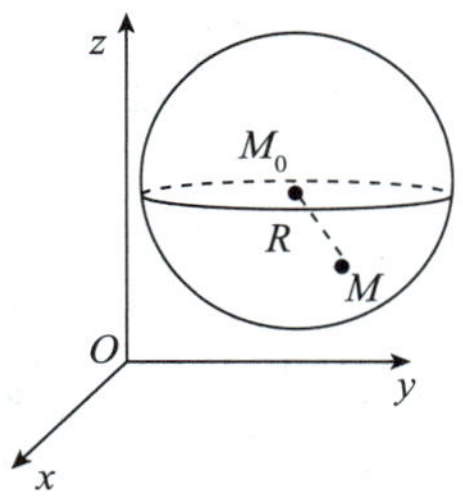

2. 椭球面

$$\frac{x^2}{a^2} + \frac{y^2}{b^2} + \frac{z^2}{c^2} = 1 (a > 0, b > 0, c > 0),$$

a, b, c 为椭球面的半径.

3. 椭圆锥面

$$\frac{x^2}{a^2} + \frac{y^2}{b^2} = z^2 (a > 0, b > 0).$$

4. 抛物面

（1）椭圆抛物面：$\dfrac{x^2}{2p} + \dfrac{y^2}{2q} = z (p > 0, q > 0)$;

（2）双曲抛物面：$-\dfrac{x^2}{2p} + \dfrac{y^2}{2q} = z (p > 0, q > 0)$. 注：双曲抛物面又称马鞍面.

5. 双曲面

（1）单叶双曲面：$\dfrac{x^2}{a^2} + \dfrac{y^2}{b^2} - \dfrac{z^2}{c^2} = 1 (a > 0, b > 0, c > 0)$;

（2）双叶双曲面：$\dfrac{x^2}{a^2} - \dfrac{y^2}{b^2} - \dfrac{z^2}{c^2} = 1 (a > 0, b > 0, c > 0)$.

图 4 - 13

目标检测

答案解析

一、单项选择题

1. 已知点 P 在空间直角坐标系中的坐标为 $(1, 1, 1)$，则 P 点关于 x 轴的对称点的坐标为（　）.

　A. $(1, 1, 1)$　　　　　　　　　　　　B. $(-1, -1, -1)$

　C. $(1, -1, -1)$　　　　　　　　　　D. $(-1, 1, 1)$

2. 点 $P(1, 0, 2)$ 在空间直角坐标系中的位置是在（　）.

　A. x 轴上　　　B. xOy 平面上　　　C. xOz 平面上　　　D. y 轴上

3. 原点到平面 $x + 2y + 3z - 7 = 0$ 的距离为（　）.

　A. $\dfrac{1}{2}$　　　　B. $\dfrac{\sqrt{14}}{2}$　　　　C. $\sqrt{14}$　　　　D. 1

4. 下列向量中，与向量 $\boldsymbol{a} = (1, 3, 2)$ 平行的向量为（　）.

　A. $(0, -2, 3)$　　　　　　　　　　B. $(-1, -3, 2)$

　C. $(1, -3, 2)$　　　　　　　　　　D. $(-1, -3, -2)$

5. 下列向量中，与向量 $\boldsymbol{a} = (1, 3, 2)$ 垂直的向量为（　）.

　A. $(2, 1, 3)$　　　　　　　　　　　B. $(-1, -3, 2)$

　C. $(1, -3, 2)$　　　　　　　　　　D. $(-1, -3, -2)$

6. 与直线 $l: \dfrac{x-1}{1} = \dfrac{y+3}{2} = \dfrac{z-2}{3}$ 平行，且经过点 $A(3,5,1)$ 的直线是 （　　）.

    A. $\dfrac{x+3}{1} = \dfrac{y+5}{2} = \dfrac{z+1}{3}$ B. $\dfrac{x-3}{1} = \dfrac{y-5}{2} = \dfrac{z-1}{3}$

    C. $\dfrac{x+3}{1} = \dfrac{y+5}{-3} = \dfrac{z+1}{2}$ D. $\dfrac{x-3}{1} = \dfrac{y-5}{-3} = \dfrac{z-1}{2}$

7. 下列向量中，与平面 $x-y+2z-9=0$ 垂直的向量是 （　　）.

    A. $(1,-1,2)$ B. $(-1,1,2)$

    C. $(1,5,2)$ D. $(-1,5,-2)$

8. 下列向量中，与平面 $x-y+2z-9=0$ 平行的向量是 （　　）.

    A. $(1,-1,2)$ B. $(-1,1,2)$

    C. $(1,5,2)$ D. $(-1,5,-2)$

9. 已知 $A(1,1,-5), B(-1,-1,5)$，O 为坐标原点，则 $\overrightarrow{OA}$ 与 $\overrightarrow{OB}$ 的夹角为 （　　）.

    A. $\dfrac{\pi}{4}$ B. $\dfrac{\pi}{3}$ C. $\dfrac{\pi}{2}$ D. π

10. 在长方体 $ABCD-A_1B_1C_1D_1$ 中，若 $A(0,0,0), B(2,0,0), B_1(2,0,-1), D(0,3,0)$，则 $\overrightarrow{B_1D}$ 的模长为 （　　）.

    A. 1   B. 3   C. 5   D. $\sqrt{14}$

二、填空题

1. 点 $P(1,2,3)$ 到原点的距离是_____.

2. 平面 $x-y-3z-6=0$ 与平面 $x-2y+z+1=0$ 的夹角为_____.

3. 空间中过两点 $A(2,1,5)$ 与 $B(1,4,3)$ 的直线方程为_____.

4. 已知三个点 $A(3,1,2), B(1,5,3), C(1,6,0)$，则 $\overrightarrow{AB} \cdot \overrightarrow{AC} =$ _____；$\overrightarrow{BC} \times \overrightarrow{BA} =$ _____；ΔABC 的面积为_____.

5. 在 x 轴上与点 $A(1,2,3)$ 和点 $B(3,2,1)$ 距离相等的点为_____.

三、解答题

1. 求过点 $P(4,5,1)$ 且垂直于向量 $\boldsymbol{n}=(1,1,-1)$ 的平面方程.

2. 用对称式方程表示直线 $\begin{cases} x+y=0, \\ y+z=0. \end{cases}$

3. 已知 $A(2,1,2), B(1,1,1), C(2,2,1)$，求 $\overrightarrow{AB}$ 与 $\overrightarrow{AC}$ 的夹角.

书网融合……

知识回顾   微课   习题

第五章　二元函数微积分

学习引导

前面我们学习了一元函数微积分,而在许多实际问题中往往牵涉多方面的因素,例如圆柱体的体积,它与底面半径和高都存在着联系,反映到数学上,就是一个变量依赖多个变量的情形.这就需要研究多元函数的概念及其微积分.

多元函数微积分学是一元函数微积分学的推广,它们之间既有很多相似点,又有许多不同点.本章将主要讨论二元函数的概念、二元函数的极限和连续、二元函数的偏导数和全微分、二元函数的极值以及二重积分的定义、二重积分的性质、二重积分的计算等相关内容.

学习目标

1. **掌握**　二元函数一阶、二阶偏导数的求法;求二元函数全微分;求二元复合函数与隐函数的偏导数;求二元函数的极值;二重积分在直角坐标下与极坐标下的计算.

2. **熟悉**　二元函数的定义域;二元函数偏导数和全微分的概念;二重积分的性质.

3. **了解**　二元函数与多元函数的定义;二元函数极限与连续的概念;全微分存在的充要条件;二元函数极值的概念;二重积分的定义及几何意义.

PPT

第一节　二元函数

一、二元函数的概念 📱微课

引例1　圆柱体的体积 V 和底半径 r、高 h 之间具有关系

$$V = \pi r^2 h.$$

当 r 与 h 在集合 $\{(r,h) \mid r > 0, h > 0\}$ 内取一对数值 (r,h) 时,V 对应的值就随之确定.

引例2　设在机体内注射某种药物后产生反应为 E,α 是可给予的最大药量,那么反应 E 和药量 x、时间 t 之间具有关系

$$E = x^2(\alpha - x)t^2 e^{-t}.$$

当 x 与 t 在集合 $\{(x,t) \mid 0 \leqslant x \leqslant \alpha, t > 0\}$ 内取一对数值 (x,t) 时,E 对应的值就随之确定.

由以上两个例子可抽象出二元函数的定义.

定义1　设在某个变化过程中有三个变量 x,y,z,如果变量 x,y 在某一范围 D 内任意取定一组数值

时，变量 z 按照一定的对应法则 f 总有确定值与其对应，则称变量 z 是定义在 D 上的关于变量 x,y 的二元函数，记为

$$z = f(x,y)$$

其中 x，y 称为自变量，z 称为因变量，D 称为函数 $z = f(x,y)$ 的定义域.

二元函数 $z = f(x,y)$ 在点 (x_0,y_0) 处的函数值通常有以下几种记法，即

$$z \big|_{\substack{x = x_0 \\ y = y_0}}, z(x_0,y_0) \text{ 或 } f(x_0,y_0).$$

类似的，我们可以定义三元函数 $u = f(x,y,z)$ 以及 $n(n > 3, n \in N)$ 元函数 $u = f(x_1, x_2, \ldots, x_n)$. 二元及二元以上的函数统称为多元函数.

在空间直角坐标系中，二元函数的图形通常是一张曲面，它的定义域是这张曲面在 xOy 面上的投影，它可能是一个点，也可能是一条线，还可能是平面上一条或几条曲线所围成的部分平面，甚至可能是整个平面. 整个平面或由曲线围成的部分平面称为区域，围成区域的曲线称为区域的边界，不包括边界的区域称为开区域，包括边界在内的区域称为闭区域. 如果区域 D 可以被一个以原点为圆心、以适当长度为半径的圆所覆盖，则称此区域 D 为有界区域，否则称为无界区域.

如果二元函数可以用解析式 $z = f(x,y)$ 表示，那么它的定义域就是使得这个式子有意义的自变量 x，y 的取值集合，这个集合（区域 D）通常可用不等式或不等式组来表示.

例1 求函数 $y = \ln \sqrt{1 - x^2 - y^2}$ 的定义域.

解 欲使该函数有意义，自变量 x,y 必须满足不等式 $1 - x^2 - y^2 > 0$，即定义域为

$$D = \{(x,y) \mid x^2 + y^2 < 1\}.$$

故该函数的定义域是以原点为圆心，以 1 为半径的圆域，这个区域是开区域，也是一个有界区域，如图 5 – 1 所示.

例2 求函数 $y = \arcsin(x + y)$ 的定义域.

解 欲使该函数有意义，自变量 x,y 必须满足不等式 $|x + y| \leq 1$，即定义域为

$$D = \{(x,y) \mid -1 \leq x + y \leq 1\}$$

故该函数的定义域是夹在直线 $x + y = 1$ 及 $x + y = -1$ 之间的区域，这个区域是无界闭区域，如图 5 – 2 所示.

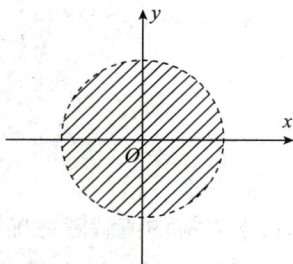

图 5 – 1

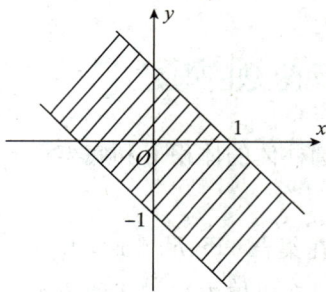

图 5 – 2

二、二元函数的极限

下面我们讨论二元函数 $z = f(x,y)$ 当 $(x,y) \to (x_0,y_0)$，即点 $P(x,y) \to P_0(x_0,y_0)$ 时的极限.

定义 2 设二元函数 $z = f(x,y)$ 在点 $P_0(x_0,y_0)$ 的某去心邻域内有定义，如果点 $P(x,y)$ 以任何方式趋于点 $P_0(x_0,y_0)$ 时，对应的函数值 $f(x,y)$ 都趋于一个确定的常数 A，则称此常数 A 为函数 $z = f(x,y)$ 当 $(x,y) \to (x_0,y_0)$ 时的极限，记作

$$\lim_{(x,y)\to(x_0,y_0)} f(x,y) = A \text{ 或 } \lim_{P \to P_0} f(x,y) = A.$$

需要注意，定义中 $P(x,y)$ 趋于 $P_0(x_0,y_0)$ 的方式是多种多样的，方向可能任意多，路径可以是千姿百态的，所谓极限存在是指当动点从四面八方以可能有的任何路径趋于定点时，函数都趋于同一个常数。故而当 $P(x,y)$ 以不同的方式趋于 $P_0(x_0,y_0)$ 时，函数 $f(x,y)$ 趋于不同的值，那么就可以断定这个函数的极限不存在。例如，函数 $f(x,y) = \dfrac{xy}{x^2+y^2}$ 当点 $P(x,y)$ 沿着 $y = kx$ 趋于点 $(0,0)$ 时，有

$$\lim_{\substack{(x,y)\to(0,0) \\ y=kx}} \frac{xy}{x^2+y^2} = \lim_{x\to 0} \frac{kx^2}{x^2+k^2x^2} = \frac{k}{1+k^2}.$$

显然，它随着 k 值的不同而变化，故而函数 $f(x,y) = \dfrac{xy}{x^2+y^2}$ 当点 $P(x,y)$ 趋于点 $(0,0)$ 时的极限不存在。关于二元函数的极限运算，有与一元函数类似的运算法则，如夹逼准则、等价无穷小代换等。

例 3 求极限 $\lim\limits_{(x,y)\to(0,0)} \dfrac{x^2 y}{x^2+y^2}$.

解 因为 $0 \leqslant \left|\dfrac{x^2 y}{x^2+y^2}\right| \leqslant \left|\dfrac{x^2 y}{2xy}\right| = \left|\dfrac{x}{2}\right|$，而 $\lim\limits_{x\to 0}\dfrac{x}{2} = 0$，由夹逼准则，得

$$\lim_{(x,y)\to(0,0)} \frac{x^2 y}{x^2+y^2} = 0.$$

例 4 求极限 $\lim\limits_{(x,y)\to(0,2)} \dfrac{\sin(xy)}{x}$.

解 $\lim\limits_{(x,y)\to(0,2)} \dfrac{\sin(xy)}{x} = \lim\limits_{(x,y)\to(0,2)} \left[\dfrac{\sin(xy)}{xy} \cdot y\right] = \lim\limits_{(x,y)\to(0,2)} \dfrac{\sin(xy)}{xy} \cdot \lim\limits_{y\to 2} y = 1 \cdot 2 = 2.$

三、二元函数的连续

定义 3 设二元函数 $z = f(x,y)$ 在点 $P_0(x_0,y_0)$ 的某一邻域内有定义，如果

$$\lim_{(x,y)\to(x_0,y_0)} f(x,y) = f(x_0,y_0)$$

则称函数 $z = f(x,y)$ 在点 $P_0(x_0,y_0)$ 处连续。若函数 $z = f(x,y)$ 在区域 D 上每一点都连续，则称函数 $z = f(x,y)$ 在区域 D 上连续，或称函数 $z = f(x,y)$ 是 D 上的连续函数。

如果函数 $z = f(x,y)$ 在点 $P_0(x_0,y_0)$ 处不连续，则称点 $P_0(x_0,y_0)$ 为函数 $z = f(x,y)$ 的间断点。例如，前面讨论的函数 $f(x,y) = \dfrac{xy}{x^2+y^2}$，当 (x,y) 趋于 $(0,0)$ 时的极限不存在，所以点 $(0,0)$ 是该函数的一个间断点，同时此函数在点 $(0,0)$ 处也没有定义。

类似于一元函数，连续的二元函数也具有以下性质。

性质 1 连续的二元函数的和、差、积、商（分母不为零）仍是连续函数。

性质 2 连续的二元函数的复合函数仍是连续函数。

性质 3 一切二元初等函数在其定义域内都是连续的。

其中二元初等函数是指，由常数及具有不同自变量的一元基本初等函数，经过有限次地四则运算和

复合运算，并可用一个式子表示的二元函数．由二元初等函数的连续性，如果要求它在点 $P_0(x_0,y_0)$ 处的极限，只要该点在函数的定义域内，那么此极限值就等于函数在该点的函数值，即

$$\lim_{(x,y)\to(x_0,y_0)} f(x,y) = f(x_0,y_0).$$

例 5 求极限 $\lim\limits_{(x,y)\to(1,2)} \dfrac{xy}{x+y}$．

解 函数 $f(x,y) = \dfrac{xy}{x+y}$ 是初等函数，它的定义域为

$$D = \{(x,y) \mid x+y \neq 0\}.$$

又 $P_0(1,2)$ 为定义域 D 的内点，由二元初等函数的连续性，得

$$\lim_{(x,y)\to(1,2)} \frac{xy}{x+y} = f(1,2) = \frac{2}{3}.$$

第二节 偏导数与全微分

PPT

一、二元函数的偏导数

定义 1 设函数 $z = f(x,y)$ 在点 (x_0,y_0) 的某一邻域内有定义，当自变量 y 固定在 y_0，而 x 在 x_0 处有增量 Δx 时，则增量 $\Delta_x z = f(x_0+\Delta x,y_0) - f(x_0,y_0)$ 称为函数 z 相对于 x 的偏增量．如果极限

$$\lim_{\Delta x\to 0} \frac{\Delta_x z}{\Delta x} = \lim_{\Delta x\to 0} \frac{f(x_0+\Delta x,y_0) - f(x_0,y_0)}{\Delta x}$$

存在，则称此极限值为函数 $z = f(x,y)$ 在点 (x_0,y_0) 处对自变量 x 的偏导数，记作

$$\frac{\partial z}{\partial x}\bigg|_{\substack{x=x_0\\y=y_0}},\frac{\partial f}{\partial x}\bigg|_{\substack{x=x_0\\y=y_0}},z_x\bigg|_{\substack{x=x_0\\y=y_0}} \text{ 或 } f_x(x_0,y_0).$$

同理，如果极限 $\lim\limits_{\Delta y\to 0} \dfrac{\Delta_y z}{\Delta y} = \lim\limits_{\Delta y\to 0} \dfrac{f(x_0,y_0+\Delta y) - f(x_0,y_0)}{\Delta y}$ 存在，则称此极限值为函数 $z = f(x,y)$ 在点 (x_0,y_0) 处对自变量 y 的偏导数，记作

$$\frac{\partial z}{\partial y}\bigg|_{\substack{x=x_0\\y=y_0}},\frac{\partial f}{\partial y}\bigg|_{\substack{x=x_0\\y=y_0}},z_y\bigg|_{\substack{x=x_0\\y=y_0}} \text{ 或 } f_y(x_0,y_0).$$

如果函数 $z = f(x,y)$ 在区域 D 内任一点 (x,y) 处对于 x（或 y）的偏导数都存在，那么这个偏导数仍然是关于 x,y 的函数，我们称此函数为 $z = f(x,y)$ 对自变量 x（或 y）的偏导函数，记作

$$\frac{\partial z}{\partial x},\frac{\partial f}{\partial x},z_x \text{ 或 } f_x(x,y) \left[\frac{\partial z}{\partial y},\frac{\partial f}{\partial y},z_y \text{ 或 } f_y(x,y)\right].$$

而偏导数 $f_x(x_0,y_0)$ 显然就是偏导函数 $f_x(x,y)$ 在点 (x_0,y_0) 处的函数值；$f_y(x_0,y_0)$ 显然就是偏导函数 $f_y(x,y)$ 在点 (x_0,y_0) 处的函数值．因此以后的描述中，在不混淆的情况下，把偏导函数也称为偏导数．

1. 偏导数的计算 从偏导数的概念可以看出，求二元函数 $z = f(x,y)$ 的偏导数，实质上就是把一个变量固定（看成常数），对另一个变量进行一元函数求导．

例 1 求 $z = x^2 + 2xy + 3y^2$ 在点 $(1,1)$ 处的偏导数．

解 对 x 求偏导数，将 y 看成常数，则 $\dfrac{\partial z}{\partial x} = 2x + 2y$，$\dfrac{\partial z}{\partial x}\bigg|_{\substack{x=1\\y=1}} = 4$，

对 y 求偏导数，将 x 看成常数，则 $\dfrac{\partial z}{\partial y} = 2x + 6y, \dfrac{\partial z}{\partial y}\bigg|_{\substack{x=1\\y=1}} = 8.$

例 2 求 $z = y^x$ 的偏导数.

解 对 x 求偏导数，把 $z = y^x$ 中变量 y 看成常数，此时函数为指数函数，

$$\frac{\partial z}{\partial x} = y^x \ln y ,$$

对 y 求偏导数，把 $z = y^x$ 中变量 x 看成常数，此时函数为幂函数，

$$\frac{\partial z}{\partial y} = xy^{x-1} .$$

例 3 已知理想气体的状态方程为 $PV = RT$（R 为大于 0 的常数），求证

$$\frac{\partial P}{\partial V} \cdot \frac{\partial V}{\partial T} \cdot \frac{\partial T}{\partial P} = -1.$$

证 由方程 $PV = RT$ 推出 $P = \dfrac{RT}{V}$，对 V 求偏导数，得 $\dfrac{\partial P}{\partial V} = -\dfrac{RT}{V^2}$，

同理 $V = \dfrac{RT}{P}$，对 T 求偏导数，得 $\dfrac{\partial V}{\partial T} = \dfrac{R}{P}$，

同理 $T = \dfrac{PV}{R}$，对 P 求偏导数，得 $\dfrac{\partial T}{\partial P} = \dfrac{V}{R}$，

所以 $\dfrac{\partial P}{\partial V} \cdot \dfrac{\partial V}{\partial T} \cdot \dfrac{\partial T}{\partial P} = -\dfrac{RT}{V^2} \cdot \dfrac{V}{R} \cdot \dfrac{R}{P} = -\dfrac{RT}{PV} = -1.$

我们知道，一元函数的导数 $\dfrac{\mathrm{d}y}{\mathrm{d}x}$ 可以看作函数的微分 $\mathrm{d}y$ 与自变量的微分 $\mathrm{d}x$ 的商，而偏导数的记号是一个整体记号，不能看作分子与分母之比. 此例很好地说明了这一点.

例 4 已知 $f(x,y) = \begin{cases} \dfrac{xy}{x^2 + y^2}, & x^2 + y^2 \neq 0 \\ 0, & x^2 + y^2 = 0 \end{cases}$，求 $f_x(0,0)$，$f_y(0,0)$.

解 由偏导数的定义，有

$$f_x(0,0) = \lim_{\Delta x \to 0} \frac{f(0 + \Delta x, 0) - f(0,0)}{\Delta x} = \lim_{\Delta x \to 0} \frac{0}{\Delta x} = 0 ,$$

$$f_y(0,0) = \lim_{\Delta y \to 0} \frac{f(0, 0 + \Delta y) - f(0,0)}{\Delta y} = \lim_{\Delta y \to 0} \frac{0}{\Delta y} = 0 ,$$

而 $\lim\limits_{\substack{(x,y)\to(0,0)\\y=kx}} f(x,y) = \lim\limits_{\substack{(x,y)\to(0,0)\\y=kx}} \dfrac{xy}{x^2 + y^2} = \lim\limits_{x\to 0} \dfrac{kx^2}{x^2 + k^2x^2} = \dfrac{k}{1 + k^2}.$

显然，极限值随着 k 值的不同而变化，故极限不存在，从而函数 $f(x,y)$ 在点 $(0,0)$ 处不连续.

因此，对于二元函数来说，即使在某点处的偏导数都存在，也不能保证函数在该点处连续，这与一元函数的"可导必连续"的性质是截然不同的. 二元函数的偏导数和连续没有必然的关系.

2. 高阶偏导数 设二元函数 $z = f(x,y)$ 在区域 D 内的两个偏导数 $f_x(x,y)$ 与 $f_y(x,y)$ 都存在，则它们仍是 x,y 的函数，如果这两个偏导函数也可导，那么这两个偏导函数的偏导数称为函数 $z = f(x,y)$ 的二阶偏导数. 按照变量的求导次序，函数 $z = f(x,y)$ 共有四个二阶偏导数.

$$\frac{\partial}{\partial x}\left(\frac{\partial z}{\partial x}\right) = \frac{\partial^2 z}{\partial x^2} = f_{xx}(x,y), \quad \frac{\partial}{\partial y}\left(\frac{\partial z}{\partial x}\right) = \frac{\partial^2 z}{\partial x \partial y} = f_{xy}(x,y) ,$$

$$\frac{\partial}{\partial x}\left(\frac{\partial z}{\partial y}\right) = \frac{\partial^2 z}{\partial y \partial x} = f_{yx}(x,y), \frac{\partial}{\partial y}\left(\frac{\partial z}{\partial y}\right) = \frac{\partial^2 z}{\partial y^2} = f_{yy}(x,y).$$

其中第二个和第三个两个偏导数称为混合偏导数.

类似的，可定义三阶、四阶以及 n 阶偏导数. 二阶及二阶以上的偏导数，统称为高阶偏导数.

例 5 求函数 $z = x^3 y - 3x^2 y^3$ 的二阶偏导数.

解 一阶偏导数为

$$\frac{\partial z}{\partial x} = 3x^2 y - 6xy^3, \frac{\partial z}{\partial y} = x^3 - 9x^2 y^2.$$

二阶偏导数为

$$\frac{\partial^2 z}{\partial x^2} = 6xy - 6y^3, \frac{\partial^2 z}{\partial x \partial y} = 3x^2 - 18xy^2,$$

$$\frac{\partial^2 z}{\partial y \partial x} = 3x^2 - 18xy^2, \frac{\partial^2 z}{\partial y^2} = -18x^2 y.$$

从此例中可以看出，函数的两个二阶混合偏导数相等，即 $\frac{\partial^2 z}{\partial x \partial y} = \frac{\partial^2 z}{\partial y \partial x}$.

定理 1 如果函数 $z = f(x,y)$ 的两个二阶混合偏导数 $\frac{\partial^2 z}{\partial x \partial y}, \frac{\partial^2 z}{\partial y \partial x}$ 在区域 D 内连续，则在该区域内这两个二阶混合偏导数必相等，即 $\frac{\partial^2 z}{\partial x \partial y} = \frac{\partial^2 z}{\partial y \partial x}$.

二、二元函数的全微分

定义 2 设函数 $z = f(x,y)$ 在点 (x,y) 的某一邻域内有定义，如果函数在点 (x,y) 的全增量

$$\Delta z = f(x + \Delta x, y + \Delta y) - f(x,y)$$

可表示为

$$\Delta z = A\Delta x + B\Delta y + o(\rho),$$

其中 A 和 B 不依赖与 Δx 和 Δy 而仅与 x 和 y 有关，且 $\rho = \sqrt{(\Delta x)^2 + (\Delta y)^2}$，那么称函数 $z = f(x,y)$ 在点 (x,y) 可微分，而称 $A\Delta x + B\Delta y$ 为函数 $z = f(x,y)$ 在点 (x,y) 的全微分，记作 dz，即

$$dz = A\Delta x + B\Delta y.$$

如果函数在区域 D 内各点处都可微分，那么称此函数在 D 内是可微的.

定理 2 若函数 $z = f(x,y)$ 在点 (x,y) 可微分，则它在该点一定连续.

定理 3（必要条件） 如果函数 $z = f(x,y)$ 在点 (x,y) 可微分，那么该函数在点 (x,y) 的偏导数 $\frac{\partial z}{\partial x}$ 与 $\frac{\partial z}{\partial y}$ 必存在，且函数 $z = f(x,y)$ 在点 (x,y) 的全微分为 $dz = \frac{\partial z}{\partial x}\Delta x + \frac{\partial z}{\partial y}\Delta y$.

习惯上，我们将自变量的增量 Δx 与 Δy 分别记作 dx 与 dy，并分别称为自变量 x 与 y 的微分. 这样，函数 $z = f(x,y)$ 在点 (x,y) 的全微分就可表示为 $dz = \frac{\partial z}{\partial x}dx + \frac{\partial z}{\partial y}dy$.

即学即练 5-1

答案解析

函数 $z = 2x^2 + 3y^2$ 在点 $(10,8)$ 处当 $\Delta x = 0.2, \Delta y = 0.3$ 时的全微分为 （ ）.

A. $dz = 22.4$ 　　 B. $dz = 22.5$ 　　 C. $dz = 22.75$ 　　 D. $dz = 23.75$

一元函数在某点可导是在该点可微的充分必要条件，但是对二元函数来说则不然，前面例 4 中的函数 $f(x,y) = \begin{cases} \dfrac{xy}{x^2 + y^2}, & x^2 + y^2 \neq 0 \\ 0, & x^2 + y^2 = 0 \end{cases}$，它在点 $(0,0)$ 处不可微分，但它的两个偏导数都是存在的，因此有下面的定理.

定理 4（充分条件）　如果函数 $z = f(x,y)$ 的两个偏导数 $\dfrac{\partial z}{\partial x}$ 与 $\dfrac{\partial z}{\partial y}$ 在点 (x,y) 连续，那么该函数在点 (x,y) 是可微分的.

例 6　求函数 $z = x^2 y + \dfrac{x}{y}$ 的全微分.

解　因为 $\dfrac{\partial z}{\partial x} = 2xy + \dfrac{1}{y}, \dfrac{\partial z}{\partial y} = x^2 - \dfrac{x}{y^2}$

所以 $\mathrm{d}z = \left(2xy + \dfrac{1}{y}\right)\mathrm{d}x + \left(x^2 - \dfrac{x}{y^2}\right)\mathrm{d}y$.

例 7　求函数 $z = \mathrm{e}^{xy}$ 在点 $(2,1)$ 处的全微分.

解　因为 $\dfrac{\partial z}{\partial x} = y\mathrm{e}^{xy}, \dfrac{\partial z}{\partial y} = x\mathrm{e}^{xy}; \left.\dfrac{\partial z}{\partial x}\right|_{\substack{x=2 \\ y=1}} = \mathrm{e}^2, \left.\dfrac{\partial z}{\partial y}\right|_{\substack{x=2 \\ y=1}} = 2\mathrm{e}^2$，

所以 $\mathrm{d}z = \mathrm{e}^2\mathrm{d}x + 2\mathrm{e}^2\mathrm{d}y$.

三、二元复合函数的偏导数

下面我们给出二元复合函数的求导法则.

定理 5　设二元函数 $u = \varphi(x,y), v = \psi(x,y)$ 均在 (x,y) 处有偏导数，且函数 $z = f(u,v)$ 在对应的点 (u,v) 处有连续的一阶偏导数，则复合函数 $z = F[\varphi(x,y), \psi(x,y)]$ 在点 (x,y) 处存在偏导数，且有

$$\frac{\partial z}{\partial x} = \frac{\partial f}{\partial u} \cdot \frac{\partial u}{\partial x} + \frac{\partial f}{\partial v} \cdot \frac{\partial v}{\partial x}$$

$$\frac{\partial z}{\partial y} = \frac{\partial f}{\partial u} \cdot \frac{\partial u}{\partial y} + \frac{\partial f}{\partial v} \cdot \frac{\partial v}{\partial y}$$

此定理也称为多元复合函数的链式法则. 可以看出，二元函数求偏导数的关键是弄清楚中间变量、自变量以及因变量之间的关系. 为了形象地表达它们之间的关系，可以用链式图来表示（图 5 - 3）.

由链式图可写出求偏导的链式法则，即"同链相乘，异链相加". 如求 z 对 x 的偏导数时，只要从 z 出发，按图中的路线找到到达 x 的所有路径，每一条路径对应了公式中的一项，项与项相加，而每一条路径中的每一个步骤所求得的导数相乘.

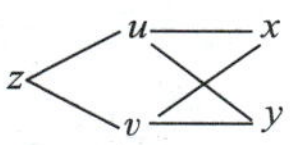

图 5 - 3

例 8　设 $z = \mathrm{e}^u \sin v, u = x^2 + y^2, v = xy$，求 $\dfrac{\partial z}{\partial x}, \dfrac{\partial z}{\partial y}$.

解　$\dfrac{\partial z}{\partial x} = \dfrac{\partial f}{\partial u} \cdot \dfrac{\partial u}{\partial x} + \dfrac{\partial f}{\partial v} \cdot \dfrac{\partial v}{\partial x}$

$= \mathrm{e}^u \sin v \cdot 2x + \mathrm{e}^u \cos v \cdot y = \mathrm{e}^{x^2+y^2}[2x\sin(xy) + y\cos(xy)]$，

$\dfrac{\partial z}{\partial y} = \dfrac{\partial f}{\partial u} \cdot \dfrac{\partial u}{\partial y} + \dfrac{\partial f}{\partial v} \cdot \dfrac{\partial v}{\partial y}$

$= \mathrm{e}^u \sin v \cdot 2y + \mathrm{e}^u \cos v \cdot x = \mathrm{e}^{x^2+y^2}[2y\sin(xy) + x\cos(xy)]$.

二元复合函数的求导法则可以推广到二元以上的复合函数，在此不做详述.

下面我们来研究其他的复合情形.

（1）由二元函数 $z = f(u,v)$ 和两个一元函数 $u = \varphi(x), v = \psi(x)$ 复合而成的函数 $z = f[\varphi(x), \psi(x)]$. 此复合函数是 x 的一元函数，这时复合函数对 x 的导数 $\dfrac{dz}{dx}$ 称为全导数（图 5-4），则有

$$\frac{dz}{dx} = \frac{\partial f}{\partial u} \cdot \frac{du}{dx} + \frac{\partial f}{\partial v} \cdot \frac{dv}{dx}.$$

（2）由二元函数 $z = f(u,v)$ 和函数 $u = \varphi(x,y), v = \psi(x)$ 复合而成的函数 $z = f[\varphi(x,y), \psi(x)]$（图 5-5），则有

$$\frac{\partial z}{\partial x} = \frac{\partial f}{\partial u} \cdot \frac{\partial u}{\partial x} + \frac{\partial f}{\partial v} \cdot \frac{dv}{dx},$$

$$\frac{\partial z}{\partial y} = \frac{\partial f}{\partial u} \cdot \frac{\partial u}{\partial y}.$$

（3）由函数 $z = f(u,x,y)$ 和函数 $u = \varphi(x,y)$ 复合而成的函数 $z = f[\varphi(x,y), x, y]$（图 5-6），则有

$$\frac{\partial z}{\partial x} = \frac{\partial f}{\partial u} \cdot \frac{\partial u}{\partial x} + \frac{\partial f}{\partial x},$$

$$\frac{\partial z}{\partial y} = \frac{\partial f}{\partial u} \cdot \frac{\partial u}{\partial y} + \frac{\partial f}{\partial y}.$$

注：这里 $\dfrac{\partial z}{\partial x}$ 与 $\dfrac{\partial f}{\partial x}$ 是不同的，$\dfrac{\partial z}{\partial x}$ 是把复合函数 $z = f[\varphi(x,y), x, y]$ 中的 y 看作不变而对 x 的偏导数；$\dfrac{\partial f}{\partial x}$ 是把 $z = f(u,x,y)$ 中的 u 和 y 看作不变而对 x 的偏导数；$\dfrac{\partial z}{\partial y}$ 与 $\dfrac{\partial f}{\partial y}$ 也有类似的区别.

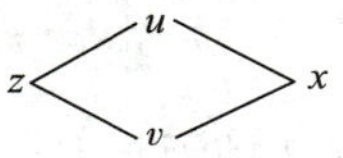

图 5-4 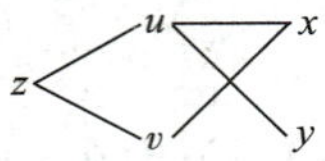   图 5-5 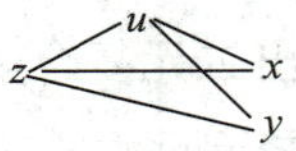   图 5-6

例 9　设 $z = \ln(u - v), u = x^3, v = \sin x$，求全导数 $\dfrac{dz}{dx}$.

解　$\dfrac{dz}{dx} = \dfrac{\partial z}{\partial u} \cdot \dfrac{du}{dx} + \dfrac{\partial z}{\partial v} \cdot \dfrac{dv}{dx}$

$$= \frac{1}{u-v} 3x^2 + \frac{-1}{u-v} \cdot \cos x = \frac{1}{x^3 - \sin x}(3x^2 - \cos x).$$

四、二元隐函数的偏导数

在一元函数中，我们曾学习过隐函数的求导方法，但未能给出一般的求导公式. 现在利用二元复合函数的求导法则，推导出一元隐函数的求导公式.

设方程 $F(x,y) = 0$ 确定了一元隐函数 $y = y(x)$，将 $y = y(x)$ 代入方程，得

$$F[x, f(x)] = 0,$$

两端对 x 求全导数，得

$$F_x + F_y \cdot \frac{dy}{dx} = 0.$$

当 $F_y \neq 0$ 时，有一元隐函数的求导公式，即

$$\frac{dy}{dx} = -\frac{F_x}{F_y}.$$

例 10　设 $x^2 + y^2 = 2x$ ，求 $\dfrac{\mathrm{d}y}{\mathrm{d}x}$.

解　令 $F(x,y) = x^2 + y^2 - 2x = 0$ ，则

$$F'_x = 2x - 2, F'_y = 2y.$$

$$\frac{\mathrm{d}y}{\mathrm{d}x} = -\frac{F'_x}{F'_y} = -\frac{2x - 2}{2y} = \frac{1 - x}{y}.$$

类似的，设方程 $F(x,y,z) = 0$ 确定了二元隐函数 $z = z(x,y)$ ，有二元隐函数的求导公式，即

$$\frac{\partial z}{\partial x} = -\frac{F_x}{F_z}, \frac{\partial z}{\partial y} = -\frac{F_y}{F_z}.$$

例 11　设 $x^2 + 2y^2 + 3z^2 = 4x$ ，求 $\dfrac{\partial z}{\partial x}, \dfrac{\partial z}{\partial y}$.

解　令 $F(x,y,z) = x^2 + 2y^2 + 3z^2 - 4x$ ，则

$$F'_x = 2x - 4, F'_y = 4y, F'_z = 6z,$$

$$\frac{\partial z}{\partial x} = -\frac{F'_x}{F'_z} = -\frac{2x - 4}{6z} = \frac{2 - x}{3z}, \frac{\partial z}{\partial y} = -\frac{F'_y}{F'_z} = -\frac{4y}{6z} = -\frac{2y}{3z}.$$

第三节　二元函数极值

多元函数的极值在实际问题中应用极其广泛，下面主要讨论二元函数的极值．用一元函数的导数可以求一元函数的极值，类似地，用二元函数的偏导数同样可以求二元函数的极值．

一、二元函数极值的概念

定义　设函数 $z = f(x,y)$ 在点 $P_0(x_0,y_0)$ 的某个邻域内有定义，若对于这个邻域内的任何不同于 $P_0(x_0,y_0)$ 的点 $P(x,y)$ ，恒有

$$f(x_0,y_0) \geqslant f(x,y) \left[或 f(x_0,y_0) \leqslant f(x,y) \right],$$

则称 $f(x_0,y_0)$ 为函数 $z = f(x,y)$ 在这个邻域内的极大值（或极小值）；称点 $P_0(x_0,y_0)$ 为函数 $z = f(x,y)$ 的极大点（或极小点）．极大值与极小值统称为极值；极大点与极小点统称为极值点．

定理 1（极值存在的必要条件）　设函数 $z = f(x,y)$ 在点 $P_0(x_0,y_0)$ 处具有偏导数，且在点 $P_0(x_0,y_0)$ 处取得极值，则必有

$$f'_x(x_0,y_0) = 0, f'_y(x_0,y_0) = 0.$$

两个偏导数同时为零的点称为函数的驻点．与一元函数类似，驻点不一定是极值点，偏导数不存在的点也可能是极值点．

定理 2（极值存在的充分条件）　设点 $P_0(x_0,y_0)$ 是函数 $z = f(x,y)$ 的驻点，且函数 $z = f(x,y)$ 在点 $P_0(x_0,y_0)$ 的某邻域内二阶偏导数连续，令

$$A = f''_{xx}(x_0,y_0), B = f''_{xy}(x_0,y_0), C = f''_{yy}(x_0,y_0)$$

（1）当 $AC - B^2 > 0$ 且 $A < 0$ 时，$f(x_0,y_0)$ 是极大值，

当 $AC - B^2 > 0$ 且 $A > 0$ 时，$f(x_0,y_0)$ 是极小值；

（2）当 $AC - B^2 < 0$ 时，$f(x_0, y_0)$ 不是极值；

（3）当 $AC - B^2 = 0$ 时，$f(x_0, y_0)$ 可能是极值也可能不是极值，需要另寻其他方法讨论.

综上所述，具有二阶连续偏导数的函数 $z = f(x, y)$ 求极值的步骤如下：

（1）求出偏导数 f'_x，f'_y，f''_{xx}，f''_{xy}，f''_{yy}；

（2）解方程组 $\begin{cases} f'_x(x, y) = 0 \\ f'_y(x, y) = 0 \end{cases}$，求出驻点 (x_0, y_0)；

（3）求出驻点处的二阶偏导数值 $A = f''_{xx}(x_0, y_0)$，$B = f''_{xy}(x_0, y_0)$，$C = f''_{yy}(x_0, y_0)$；

（4）确定 $AC - B^2$ 的符号，判断函数 $z = f(x, y)$ 是否有极值，并求出极值.

例 求函数 $f(x, y) = x^2 + 4y^2 - 6x + 8y + 2$ 的极值.

解 求偏导数得 $f'_x = 2x - 6$，$f'_y = 8y + 8$，$f''_{xx} = 2$，$f''_{xy} = 0$，$f''_{yy} = 8$，

令 $f'_x = 0$，$f'_y = 0$ 得方程组 $\begin{cases} 2x - 6 = 0 \\ 8y + 8 = 0 \end{cases}$，解得 $\begin{cases} x = 3 \\ y = -1 \end{cases}$，

所以驻点是 $P_0(3, -1)$，

又因为 $AC - B^2 > 0$，且 $A > 0$，

所以函数有极小值 $f(3, -1) = -11$.

二、实际问题中二元函数的最值

在生产实践中，常常会遇到求多元函数最大值和最小值的问题. 和一元函数一样，如果驻点唯一，且实际意义又表明函数的最大值或最小值存在，那么所求驻点就是函数的最大值点或最小值点.

> **实例分析**
>
> **实例** 在日常生活中，常常需要配置一定容量的溶液，而影响溶液误差的因素很多，其中度量误差是重要因素之一，因此需要控制度量误差，从而减少溶液误差.
>
> **问题** 今分别取甲、乙、丙三种药液配制 a 升混合药液，由于度量误差，使混合药液出现了 δ 升的误差，求三种药液的度量误差各为多少时，才能使它们的平方和最小？

答案解析

第四节 二重积分

PPT

一、二重积分的概念

引例 求曲顶柱体的体积

所谓曲顶柱体是指其底面是 xOy 平面上的有界闭区域 D，其侧面是以 D 的边界曲线为准线而母线平行于 z 轴的柱面，其顶是曲面 $z = f(x, y)$ 所围成的几何体（图 5-7），现欲求这个曲顶柱体的体积. 对于平顶柱体，其体积＝底面积×高；对于曲顶柱体来说，由于其顶是曲面，所以其体积不能利用上述公式直接计算，我们可以借鉴求曲边梯形面积，按照下述步骤进行计算.

（1）分割：用一组曲线网把 D 分成 n 个小区域 $\Delta\sigma_1$，$\Delta\sigma_2$，$\cdots$，$\Delta\sigma_n$. 分别以这些小区域的边界曲线为

准线，作母线平行于 z 轴的柱面，这些柱面把原曲顶柱体分割为 n 个小曲顶柱体（图 5-8）.

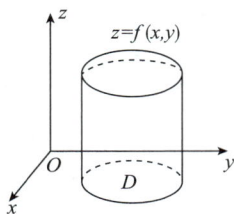

图 5-7

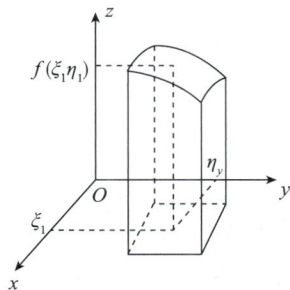

图 5-8

（2）近似：当这些小区域的直径都很小时，由于 $f(x,y)$ 连续，对于同一个小区域来说，$f(x,y)$ 变化很小，故可将小曲顶柱体近似看作平顶柱体. 我们在小区域 $\Delta\sigma_i$（这个小区域的面积也记作 $\Delta\sigma_i$）中任取一点 (ξ_i,η_i)，以 $f(\xi_i,\eta_i)$ 为高，则底为 $\Delta\sigma_i$ 的平顶柱体的体积为 $f(\xi_i,\eta_i)\cdot\Delta\sigma_i$，此平顶柱体体积可以作为小曲顶柱体体积 Δv_i 的近似值，即 $\Delta v_i\approx f(\xi_i,\eta_i)\cdot\Delta\sigma_i(i=1,2,\cdots,n)$.

（3）求和：n 个小曲顶柱体体积的近似值之和，便是整个曲顶柱体体积 V 的近似值，即

$$V\approx\sum_{i=1}^{n}f(\xi_i,\eta_i)\Delta\sigma_i.$$

（4）取极限：记 λ 为 n 个小区域 $\Delta\sigma_i$ 直径中的最大值. 显然 λ 越小，上述和式越接近于曲顶柱体的体积 V. 当 $\lambda\to0(n\to\infty)$ 时有 $V=\lim\limits_{\lambda\to0}\sum\limits_{i=1}^{n}f(\xi_i,\eta_i)\Delta\sigma_i$.

定义　设 $f(x,y)$ 是有界闭区域 D 上的连续函数. 将闭区域 D 任意分成 n 个小闭区域 $\Delta\sigma_1,\Delta\sigma_2,\cdots,\Delta\sigma_n$，其中 $\Delta\sigma_i$ 表示第 i 个小闭区域，也表示它的面积，在每个 $\Delta\sigma_i$ 上任取一点 (ξ_i,η_i)，作乘积 $f(\xi_i,\eta_i)\Delta\sigma_i(i=1,2,\cdots,n)$，并作和 $\sum\limits_{i=1}^{n}f(\xi_i,\eta_i)\Delta\sigma_i$.

如果当各小闭区域的直径中的最大值 λ 趋近于零时，这和式的极限存在，则称此极限为函数 $f(x,y)$ 在闭区域 D 上的二重积分，记为 $\iint\limits_{D}f(x,y)\mathrm{d}\sigma$，即 $\iint\limits_{D}f(x,y)\mathrm{d}\sigma=\lim\limits_{\lambda\to0}\sum\limits_{i=1}^{n}f(\xi_i,\eta_i)\Delta\sigma_i$. 其中 $f(x,y)$ 称为被积函数，$f(x,y)\mathrm{d}\sigma$ 称为被积表达式，$\mathrm{d}\sigma$ 称为面积微元，x 和 y 称为积分变量，D 称为积分区域，并称 $\sum\limits_{i=1}^{n}f(\xi_i,\eta_i)\Delta\sigma_i$ 为积分和.

根据定义可知，函数 $f(x,y)$ 在区域 D 上的二重积分的值与对积分区域的分割方法无关，与点 (ξ_i,η_i) 在 $\Delta\sigma_i$ 上的取法无关.

二、二重积分的几何意义

如果 $f(x,y)\geqslant0$，二重积分的几何意义就是曲顶柱体的体积. 如果 $f(x,y)<0$，柱体就在平面 xOy 的下方，二重积分的值是负的，但二重积分的绝对值仍等于柱体的体积. 如果 $f(x,y)$ 在区域 D 的若干部分上是正的，而若干部分上是负的，我们可以把 xOy 面上方的柱体体积取成正，xOy 面下方的柱体体积取成负，那么 $f(x,y)$ 在区域 D 上的二重积分就等于这些部分区域上的柱体体积的代数和. 例如，二重积分

$$\iint_D \sqrt{R^2 - x^2 - y^2}\ \mathrm{d}\sigma, D: x^2 + y^2 \leqslant R^2$$

就表示半径为 R 的上半球的体积.

📖 **知识链接**

中国天眼

500 米口径球面射电望远镜（Five – hundred – meter Aperture Spherical Telescope），简称 FAST，位于贵州省黔南布依族苗族自治州平塘县，是由中国科学院国家天文台主导建设，具有我国自主知识产权、世界最大单口径、最灵敏的射电望远镜，综合性能是著名的射电望远镜阿雷西博的十倍.

500 米口径球面射电望远镜被誉为"中国天眼"，由我国天文学家南仁东于 1994 年提出构想，历时 22 年建成，于 2016 年 9 月 25 日落成启用，2020 年 1 月 11 日，通过国家验收，正式投入运行. 在建设"中国天眼"的过程中，需要计算曲顶柱体的体积，因此就要用到二重积分的知识，把我们所学的数学知识与祖国的天文事业联系在一起.

三、二重积分的性质

二重积分的性质与定积分的性质类似，所以证明从略.

性质 1　被积函数中的常数因子可以提到积分号外，即

$$\iint_D k f(x, y)\,\mathrm{d}\sigma = k \iint_D f(x, y)\,\mathrm{d}\sigma.$$

性质 2　代数和的二重积分等于二重积分的代数和，即

$$\iint_D [f(x, y) \pm g(x, y)]\,\mathrm{d}\sigma = \iint_D f(x, y)\,\mathrm{d}\sigma \pm \iint_D g(x, y)\,\mathrm{d}\sigma.$$

性质 3　若用连续曲线将积分区域 D 分成有限个部分区域，则在 D 上的二重积分等于在各部分区域上的二重积分之和. 例如将 D 分为两个区域 D_1 和 D_2（可记为 $D = D_1 + D_2$），有

$$\iint_D f(x, y)\,\mathrm{d}\sigma = \iint_{D_1} f(x, y)\,\mathrm{d}\sigma + \iint_{D_2} f(x, y)\,\mathrm{d}\sigma.$$

此性质称为二重积分关于积分区域的可加性.

性质 4　若在积分区域 D 上恒有 $f(x, y) = 1$，则 $\iint_D \mathrm{d}\sigma = \sigma$，其中 σ 为积分区域 D 的面积. 这个性质的几何意义表示高为 1 的平顶柱体的体积在数值上恰好等于该柱体的底面积.

性质 5　若在积分区域 D 上恒有 $f(x, y) \geqslant g(x, y)$，则有

$$\iint_D f(x, y)\,\mathrm{d}\sigma \geqslant \iint_D g(x, y)\,\mathrm{d}\sigma.$$

特别的，若在 D 上，$f(x, y) \geqslant 0$，则有

$$\iint_D f(x, y)\,\mathrm{d}\sigma \geqslant 0.$$

性质 6　若连续函数 $f(x, y)$ 在有界闭区域 D 上的最大值为 M，最小值为 m，则有

$$m\sigma \leqslant \iint_D f(x, y)\,\mathrm{d}\sigma \leqslant M\sigma,$$

其中 σ 为积分区域 D 的面积.

性质 7（中值定理）　若函数 $f(x,y)$ 在有界闭区域 D 上连续，σ 是 D 的面积，则在 D 上至少存在一点 (ξ,η)，使得 $\iint\limits_{D} f(x,y)\mathrm{d}\sigma = f(\xi,\eta)\sigma$.

这个性质的几何意义为在区域 D 上以曲面 $z = f(x,y)$ 为顶的曲顶柱体体积等于以被积函数 $f(x,y)$ 在 D 上的某一函数值为高，D 为底的平顶柱体体积，且称 $\dfrac{1}{\sigma}\iint\limits_{D} f(x,y)\mathrm{d}\sigma$ 为 $f(x,y)$ 在有界闭区域 D 上的平均值.

例 1　根据二重积分的性质，比较积分 $\iint\limits_{D}(x+y)^2\mathrm{d}\sigma$ 与 $\iint\limits_{D}(x+y)^3\mathrm{d}\sigma$ 大小，其中积分区域 D 是由 x 轴，y 轴与直线 $x+y=1$ 所围成.

解　区域 $D = \{0 \leqslant x, 0 \leqslant y, 0 \leqslant x+y \leqslant 1\}$，因此当 $(x,y) \in D$ 时，有
$$(x+y)^3 \leqslant (x+y)^2.$$

由二重积分的性质可得
$$\iint\limits_{D}(x+y)^3\mathrm{d}\sigma \leqslant \iint\limits_{D}(x+y)^2\mathrm{d}\sigma.$$

例 2　利用二重积分的性质估计积分 $I = \iint\limits_{D}\sin^2 x\sin^2 y\mathrm{d}\sigma$ 的值，其中
$$D = \{(x,y) \mid 0 \leqslant x \leqslant \pi, 0 \leqslant y \leqslant \pi\}.$$

解　因为 $0 \leqslant \sin^2 x \leqslant 1, 0 \leqslant \sin^2 y \leqslant 1$，

所以 $0 \leqslant \sin^2 x\sin^2 y \leqslant 1$，

于是可得 $\iint\limits_{D}0\mathrm{d}\sigma \leqslant \iint\limits_{D}\sin^2 x\sin^2 y\mathrm{d}\sigma \leqslant \iint\limits_{D}1\mathrm{d}\sigma$

即 $0 \leqslant \iint\limits_{D}\sin^2 x\sin^2 y\mathrm{d}\sigma \leqslant \pi^2$.

第五节　二重积分计算

PPT

一、直角坐标下计算二重积分

根据二重积分定义，如果函数 $f(x,y)$ 在区域 D 上可积，那么二重积分的值与积分区域的分割方法无关，因此在直角坐标系中，常用平行于 x 轴和 y 轴的两组直线来分割积分区域 D，除了包含边界点的一些小闭区域外，其余的小闭区域都是矩形闭区域，如图 5 – 9 所示. 选取一个代表性的小矩形闭区域，记为 $\Delta\sigma$，其边长为 Δx 和 Δy，于是 $\Delta\sigma = \Delta x\Delta y$. 故在直角坐标系中，面积微元 $\mathrm{d}\sigma$ 可记为 $\mathrm{d}x\mathrm{d}y$，即 $\mathrm{d}\sigma = \mathrm{d}x\mathrm{d}y$. 从而在直角坐标系中二重积分通常记为

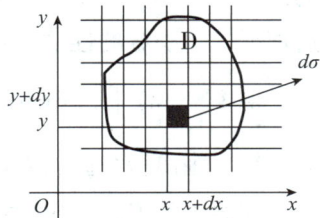

图 5 – 9

$$\iint\limits_{D} f(x,y)\mathrm{d}x\mathrm{d}y.$$

计算二重积分的思路是把二重积分化为两次定积分，即做了一次定积分后再做一次定积分，通常称这种方法为逐次积分. 这种计算，除了与被积函数有关外，还与积分区域有关，下面将积分区域分三种

情形进行讨论.

（一）X - 型区域

X - 型区域是指满足下列不等式的点集

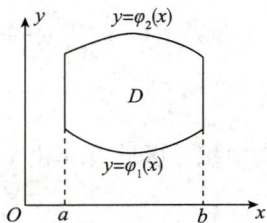

图 5 - 10

$$\{(x,y) \mid a \leqslant x \leqslant b, \varphi_1(x) \leqslant y \leqslant \varphi_2(x)\},$$

其中函数 $\varphi_1(x), \varphi_2(x)$ 在区间 $[a,b]$ 上连续（图 5 - 10）. 这种区域的特点：穿过区域且平行于 y 轴的直线与区域的边界相交不多于两个交点. 此时，二重积分可先对 y 后对 x 进行逐次积分，即

$$\iint\limits_{D} f(x,y)\mathrm{d}x\mathrm{d}y = \int_a^b \left[\int_{\varphi_1(x)}^{\varphi_2(x)} f(x,y)\mathrm{d}y\right]\mathrm{d}x.$$

为了简便起见，上式通常写作

$$\iint\limits_{D} f(x,y)\mathrm{d}x\mathrm{d}y = \int_a^b \mathrm{d}x \int_{\varphi_1(x)}^{\varphi_2(x)} f(x,y)\mathrm{d}y.$$

（二）Y - 型区域

Y - 型区域是指满足下列不等式的点集

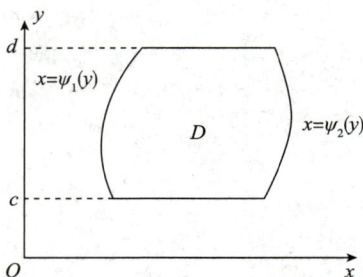

图 5 - 11

$$\{(x,y) \mid c \leqslant y \leqslant d, \psi_1(y) \leqslant x \leqslant \psi_2(y)\},$$

其中函数 $\psi_1(x), \psi_2(x)$ 在区间 $[c,d]$ 上连续（图 5 - 11）. 这种区域的特点：穿过区域且平行于 x 轴的直线与区域的边界相交不多于两个交点. 此时，二重积分可先对 x 后对 y 进行逐次积分，即

$$\iint\limits_{D} f(x,y)\mathrm{d}x\mathrm{d}y = \int_c^d \left[\int_{\psi_1(y)}^{\psi_2(y)} f(x,y)\mathrm{d}x\right]\mathrm{d}y = \int_c^d \mathrm{d}y \int_{\psi_1(y)}^{\psi_2(y)} f(x,y)\mathrm{d}x.$$

特别的，当区域 D 为矩形区域 $\{(x,y) \mid a \leqslant x \leqslant b, c \leqslant y \leqslant d\}$ 时，有

$$\iint\limits_{D} f(x,y)\mathrm{d}x\mathrm{d}y = \int_a^b \mathrm{d}x \int_c^d f(x,y)\mathrm{d}y = \int_c^d \mathrm{d}y \int_a^b f(x,y)\mathrm{d}x.$$

（三）混合型区域

如果积分区域 D 既不是 X - 型区域，也不是 Y - 型区域，即 D 与平行于坐标轴的直线的交点多于两点，这种区域称为混合型区域. 此时，常可用平行于 x 轴（或 y 轴）的直线把积分区域 D 分为几个简单的区域，例如在图 5 - 12 中，可把 D 分成三个简单区域，它们都是 X - 型区域，分别计算二重积分，然后根据二重积分的性质 3 相加即可.

例 1 计算 $\iint\limits_{D} x^2 y \mathrm{d}x\mathrm{d}y$，其中 D 是由直线 $y = x$ 和 $y = x^2$ 所围成的闭区域.

解 画出积分区域 D（图 5 - 13），并求出交点坐标 $(0,0)$ 和 $(1,1)$，选取 D 为 X - 型区域，用不等式表示为 $D: x^2 \leqslant y \leqslant x, 0 \leqslant x \leqslant 1$.

所求积分为

$$\iint\limits_{D} x^2 y \mathrm{d}x\mathrm{d}y = \int_0^1 \mathrm{d}x \int_{x^2}^x x^2 y \mathrm{d}y = \int_0^1 \frac{1}{2} x^2 y^2 \Big|_{x^2}^x \mathrm{d}x = \frac{1}{2} \int_0^1 (x^4 - x^6)\mathrm{d}x = \frac{1}{35}.$$

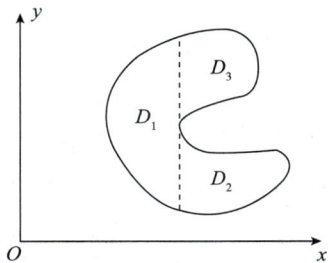

图 5 − 12

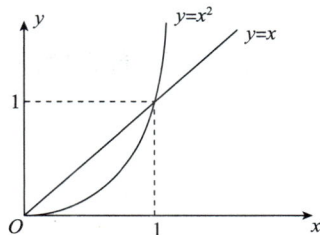

图 5 − 13

例 2 计算二重积分 $\iint\limits_{D} xy\mathrm{d}x\mathrm{d}y$，其中 D 是由抛物线 $y^2 = x$ 及直线 $y = x - 2$ 所围成的闭区域.

解 如图 5 − 14 所示，交点坐标为 $(1, -1)$ 和 $(4, 2)$，D 是 $Y -$ 型区域，用不等式表示为

$$D: y^2 \leqslant x \leqslant y + 2, \ -1 \leqslant y \leqslant 2.$$

所求积分为

$$\iint\limits_{D} xy\mathrm{d}x\mathrm{d}y = \int_{-1}^{2} \mathrm{d}y \int_{y^2}^{y+2} xy\mathrm{d}x$$

$$= \int_{-1}^{2} \left[\frac{x^2}{2} y \right]_{y^2}^{y+2} \mathrm{d}y = \frac{1}{2} \int_{-1}^{2} [y(y+2)^2 - y^5] \mathrm{d}y$$

$$= \frac{1}{2} \left[\frac{y^4}{4} + \frac{4}{3} y^3 + 2y^2 - \frac{y^6}{6} \right]_{-1}^{2} = \frac{45}{8}.$$

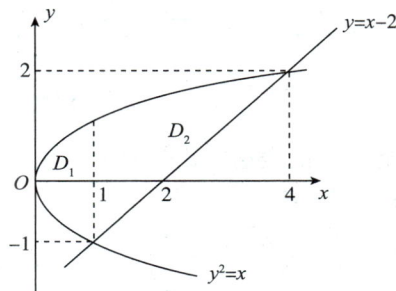

图 5 − 14

此题也可选取 D 为 $X -$ 型区域，但是需要将积分区域划分为两部分来计算，计算起来比较麻烦，因此，合理选择积分次序是非常重要的.

即学即练 5 − 2

设积分区域 D 是由 $|x| = \frac{1}{2}$，$|y| = \frac{1}{2}$ 所围成的，则 $\iint\limits_{D} xy\mathrm{d}x\mathrm{d}y = (\quad)$.

答案解析　A. $\frac{1}{2}$　　　　B. $\frac{1}{4}$　　　　C. 0　　　　D. 1

例 3 交换积分次序 $I = \int_{0}^{2} \mathrm{d}x \int_{0}^{\frac{1}{2}x^2} f(x, y)\mathrm{d}y + \int_{2}^{2\sqrt{2}} \mathrm{d}x \int_{0}^{\sqrt{8-x^2}} f(x, y)\mathrm{d}y.$

解 由题意可知 $D = D_1 + D_2$，且

$$D_1 \begin{cases} 0 \leqslant y \leqslant \frac{1}{2}x^2 \\ 0 \leqslant x \leqslant 2 \end{cases}, D_2 \begin{cases} 0 \leqslant y \leqslant \sqrt{8 - x^2} \\ 2 \leqslant x \leqslant 2\sqrt{2} \end{cases}$$

均为 $X -$ 型区域，如图 5 − 15 所示. 要改变积分次序，需要变换积分区域的类型，即把 D 视为 $Y -$ 型区域，即 $D: \sqrt{2y} \leqslant x \leqslant \sqrt{8 - y^2}, 0 \leqslant y \leqslant 2.$
因此

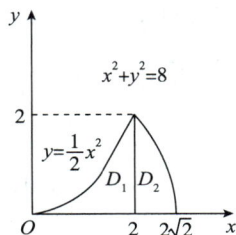

图 5 − 15

$$I = \int_0^2 dy \int_{\sqrt{2y}}^{\sqrt{8-y^2}} f(x,y) dx.$$

一般的，交换二重积分的积分次序的步骤如下：

（1）对于给定的二重积分 $\int_a^b dx \int_{\varphi_1(x)}^{\varphi_2(x)} f(x,y) dy$，先根据其积分限

$$a \leqslant x \leqslant b, \varphi_1(x) \leqslant y \leqslant \varphi_2(x)$$

画出积分区域 D；

（2）根据积分区域 D 的形状，按照新的次序确定积分区域 D 的积分限

$$c \leqslant y \leqslant d, \psi_1(y) \leqslant x \leqslant \psi_2(y);$$

（3）写出结果 $\int_a^b dx \int_{\varphi_1(x)}^{\varphi_2(x)} f(x,y) dy = \int_c^d dy \int_{\psi_1(y)}^{\psi_2(y)} f(x,y) dx.$

二、极坐标下计算二重积分

有些二重积分，积分区域 D 的边界曲线用极坐标方程来表示比较方便，或被积函数 $f(x,y)$ 在极坐标系下的表达式比较简单，这种情况下可以利用极坐标来计算二重积分 $\iint_D f(x,y) d\sigma$.

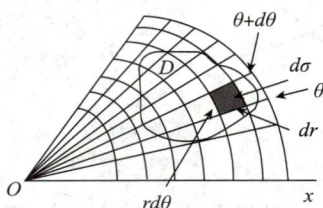

图 5-16

在极坐标下计算二重积分，首先应该弄清面积元素 $d\sigma$ 在极坐标下是如何表示的．假定从极点 O 出发且穿过积分区域 D 内部的射线与 D 的边界曲线相交不多于两点，我们用以极点 O 为中心的一族同心圆 $r =$ 常数，以及从极点 O 出发的一族射线 $\theta =$ 常数，把 D 分成 n 个小闭区域，取其中一个小闭区域作代表（图 5-16 中阴影部分），其面积记为 $d\sigma$. 只要将 D 分得无穷多，小区域无限小，小区域的面积就可以近似地等于长为 $r d\theta$、宽为 dr 的小矩形的面积，即面积元素 $d\sigma$ 表示为

$$d\sigma = r d\theta \cdot dr = r dr d\theta.$$

于是在极坐标 $x = r\cos\theta, y = r\sin\theta$ 下，二重积分可以写成

$$\iint_D f(x,y) dxdy = \iint_D f(r\cos\theta, r\sin\theta) \cdot r dr d\theta.$$

一般的，在极坐标下把二重积分化成逐次积分，总是先对 r 后对 θ 积分，具体分为以下三种情形来讨论.

（1）极点 O 在积分区域 D 的外部　如图 5-17 所示，积分区域 D 介于两条射线 $\theta = \alpha, \theta = \beta$ 之间，而对 D 内任一点 (r, θ)，其极径总是介于曲线 $r = r_1(\theta), r = r_2(\theta)$ 之间，则

$$D: \alpha \leqslant \theta \leqslant \beta, r_1(\theta) \leqslant r \leqslant r_2(\theta).$$

于是 $\iint_D f(x,y) dxdy = \iint_D f(r\cos\theta, r\sin\theta) r dr d\theta = \int_\alpha^\beta d\theta \int_{r_1(\theta)}^{r_2(\theta)} f(r\cos\theta, r\sin\theta) r dr.$

（2）极点 O 在积分区域 D 的内部　如图 5-18 所示，积分区域 D 可表示为 $0 \leqslant \theta \leqslant 2\pi, 0 \leqslant r \leqslant r(\theta)$.

于是 $\iint_D f(x,y) dxdy = \iint_D f(r\cos\theta, r\sin\theta) r dr d\theta = \int_0^{2\pi} d\theta \int_0^{r(\theta)} f(r\cos\theta, r\sin\theta) r dr.$

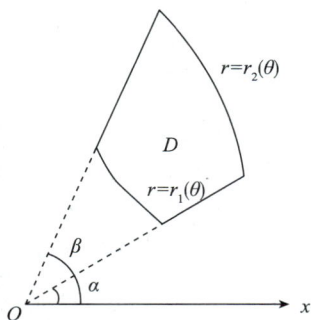

图 5－17

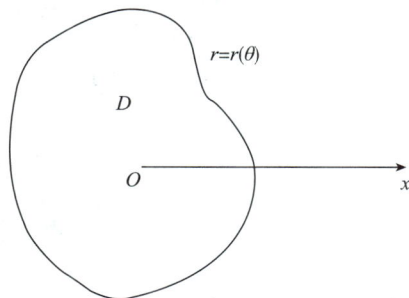

图 5－18

（3）极点 O 在积分区域 D 的边界上　如果极点 O 在积分区域 D 的边界上，在确定积分上下限时需要根据具体情况而定．如图 5－19 所示，可以看作第一种情形中当 $r_1(\theta)=0$ 的特例．另外，根据二重积分的性质，闭区域 D 的面积 σ，在极坐标系下可表示为

$$\sigma = \iint\limits_{D} \mathrm{d}\sigma = \iint\limits_{D} r\mathrm{d}r\mathrm{d}\theta.$$

如果区域 D 为如图 5－20 所示的扇形，则有 $\sigma = \iint\limits_{D} r\mathrm{d}r\mathrm{d}\theta = \int_{\alpha}^{\beta} \mathrm{d}\theta \int_{0}^{r(\theta)} r\mathrm{d}r = \dfrac{1}{2}\int_{\alpha}^{\beta} r^2(\theta)\mathrm{d}\theta.$

这个结果与定积分中的结果是一致的．

例 4　计算 $\iint\limits_{D} \dfrac{y^2}{x^2}\mathrm{d}x\mathrm{d}y$，其中 D 是由曲线 $x^2+y^2=2x$ 所围成的平面区域．

解　积分区域 D 是以点 $(1,0)$ 为圆心，以 1 为半径的圆域，如图 5－20 所示．

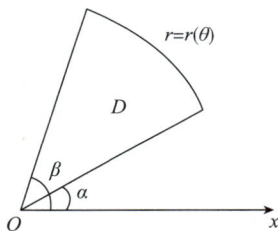

图 5－19

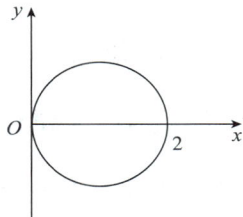

图 5－20

其边界曲线的极坐标方程为 $r=2\cos\theta$.

于是区域 D 可表示为 $D: -\dfrac{\pi}{2} \leqslant \theta \leqslant \dfrac{\pi}{2}, 0 \leqslant r \leqslant 2\cos\theta$.

所以 $\iint\limits_{D} \dfrac{y^2}{x^2}\mathrm{d}x\mathrm{d}y = \iint\limits_{D} \dfrac{r^2\sin^2\theta}{r^2\cos^2\theta} \cdot r\mathrm{d}r\mathrm{d}\theta = \int_{-\frac{\pi}{2}}^{\frac{\pi}{2}} \mathrm{d}\theta \int_{0}^{2\cos\theta} \dfrac{\sin^2\theta}{\cos^2\theta} \cdot r\mathrm{d}r$

$$= \int_{-\frac{\pi}{2}}^{\frac{\pi}{2}} 2\sin^2\theta\mathrm{d}\theta = \int_{-\frac{\pi}{2}}^{\frac{\pi}{2}} (1-\cos2\theta)\mathrm{d}\theta = \pi.$$

例 5　计算 $\iint\limits_{D} \mathrm{e}^{-x^2-y^2}\mathrm{d}x\mathrm{d}y$，其中 D 是由圆 $x^2+y^2=a^2$（$a>0$）所围成的平面区域．

解　在极坐标系中，区域 D 可表示为 $D: 0 \leqslant \theta \leqslant 2\pi$，

于是 $\iint\limits_{D} \mathrm{e}^{-x^2-y^2}\mathrm{d}x\mathrm{d}y = \iint\limits_{D} \mathrm{e}^{-r^2}r\mathrm{d}r\mathrm{d}\theta = \int_{0}^{2\pi} \mathrm{d}\theta \int_{0}^{a} \mathrm{e}^{-r^2}r\mathrm{d}r$

$$= \frac{1}{2} \int_0^{2\pi} (1 - e^{-a^2}) d\theta.$$

$$= \pi(1 - e^{-a^2}).$$

目标检测

答案解析

一、单项选择题

1. 函数 $z = \ln \sqrt{x^2 - y^2}$ 的定义域为（ ）.

   A. $x^2 - y^2 \geqslant 1$ B. $x^2 - y^2 \geqslant 0$ C. $x^2 - y^2 > 1$ D. $x^2 - y^2 > 0$

2. 设 $f(x,y) = x^2 + y^2$，则 $\dfrac{\partial f(x,y)}{\partial x} + \dfrac{\partial f(x,y)}{\partial y} = $（ ）.

   A. $2 + 2y$ B. $2 - 2y$ C. $2x + 2y$ D. $2x - 2y$

3. 若 $z = y^x$，则 $dz = $（ ）.

   A. $xy^{x-1}dx + y^x \ln x dy$ B. $y^x \ln x dx + xy^{x-1} dy$

   C. $xy^{x-1}dx + y^x \ln y dy$ D. $y^x \ln y dx + xy^{x-1} dy$

4. 设点 $P_0(x_0, y_0)$ 是函数 $f(x,y)$ 的驻点，函数 $f(x,y)$ 在点 $P_0(x_0, y_0)$ 的某邻域内二阶偏导数连续，且 $f''_{xx}(x_0, y_0) \cdot f''_{yy}(x_0, y_0) - f''^2_{xy}(x_0, y_0) > 0$，则 $f(x_0, y_0)$ 必是函数 $f(x,y)$ 的（ ）.

   A. 极值   B. 极大值   C. 极小值   D. 最值

5. 求极限 $\lim\limits_{(x,y) \to (1,2)} \dfrac{xy}{x+y} = $（ ）.

   A. 2   B. $\dfrac{2}{3}$ C. 1   D. 3

6. 当积分区域 D 为（ ）时，二重积分 $\iint\limits_{D} d\sigma = 1$.

   A. $D = \{(x,y) \mid 0 \leqslant x \leqslant 1, 0 \leqslant y \leqslant 1\}$

   B. $D = \{(x,y) \mid 0 \leqslant x \leqslant \dfrac{1}{2}, 0 \leqslant y \leqslant \dfrac{1}{2}\}$

   C. $D = \{(x,y) \mid |x| \leqslant 1, |y| \leqslant 1\}$

   D. $D = \{(x,y) \mid 0 \leqslant x \leqslant 1, 0 \leqslant y \leqslant x\}$

7. 设区域 $D = \{(x,y) \mid 0 \leqslant x \leqslant 1, 1 \leqslant y \leqslant 2\}$，则 $\iint\limits_{D}(x+y)d\sigma = $（ ）.

   A. 1   B. 2   C. 3   D. 4

8. 交换积分次序 $\int_0^a dx \int_0^x f(x,y) dy (a > 0) = $（ ）.

   A. $\int_0^a dy \int_0^y f(x,y) dx$ B. $\int_0^a dy \int_a^y f(x,y) dx$

   C. $\int_0^a dy \int_y^a f(x,y) dx$ D. $\int_0^a dy \int_0^a f(x,y) dx$

9. 设区域 $D = \{(x,y) \mid x^2 + y^2 \leqslant 1, x > 0, y > 0\}$，则在极坐标系下二重积分 $\iint\limits_{D} e^{\sqrt{x^2+y^2}} d\sigma = $（ ）.

A. $\int_0^{\pi} \mathrm{d}\theta \int_0^1 \mathrm{e}^r \mathrm{d}r$ 　　　　　　　　　　　　 B. $\int_0^{\pi} \mathrm{d}\theta \int_0^1 r\mathrm{e}^r \mathrm{d}r$

C. $\int_0^{\frac{\pi}{2}} \mathrm{d}\theta \int_0^1 \mathrm{e}^r \mathrm{d}r$ 　　　　　　　　　 D. $\int_0^{\frac{\pi}{2}} \mathrm{d}\theta \int_0^1 r\mathrm{e}^r \mathrm{d}r$

10. 若积分区域 $D:\{(x,y) \mid x^2 + y^2 \leqslant R^2\}$，则 $\iint\limits_D \mathrm{d}\sigma = $（　　）.

　　A. πR^2 　　　　　　 B. 0 　　　　　　 C. $-\pi R^2$ 　　　　　　 D. $2\pi R^2$

二、填空题

1. 设函数 $f(x,y) = \mathrm{e}^{2x}\sin(x + 2y)$，则 $f'_x\left(0, \dfrac{\pi}{4}\right) = $ ＿＿＿＿＿＿＿＿＿.

2. 设函数 $z = \mathrm{e}^{y(x^2+y^2)}$，则 $\mathrm{d}z = $ ＿＿＿＿＿＿＿＿＿.

3. 设 $z = z(x,y)$ 是由方程 $x = \ln\dfrac{z}{y}$ 确定的隐函数，则 $\dfrac{\partial z}{\partial x} = $ ＿＿＿＿＿＿＿＿＿.

4. 交换积分次序 $\int_1^{\mathrm{e}} \mathrm{d}x \int_0^{\ln x} f(x,y)\,\mathrm{d}y = $ ＿＿＿＿＿＿＿＿＿.

5. 二重积分区域 $D = 1 \leqslant x^2 + y^2 \leqslant 4$，则 $\iint\limits_D \mathrm{d}x\mathrm{d}y = $ ＿＿＿＿＿＿＿＿＿.

三、解答题

1. 设 $\mathrm{e}^{-xy} - 2z + \mathrm{e}^z = 0$，求 $\dfrac{\partial z}{\partial x}$.

2. 设 $z = \ln\left(1 + \dfrac{x}{y}\right)$，求 $\mathrm{d}z$.

3. 求函数 $z = x^2 - xy + y^2 - 2x + y$ 的极值.

4. 计算 $\iint\limits_D 2xy\mathrm{d}\sigma$，其中 D 是由 $y = x^2, x = 1$ 及 x 轴围成的闭区域.

5. 计算 $\iint\limits_D (2x + y)\mathrm{d}\sigma$，其中 D 是由 $y = x, y = \dfrac{1}{x}$ 及 $y = 2$ 围成的闭区域.

书网融合······

知识回顾

微课

习题

第六章　常微分方程

学习引导

常微分方程是解决实际问题的重要工具，在反映客观现实运动过程的量与量之间的关系中，存在着大量满足常微分方程关系的数学模型，如糖尿病检测模型、交通模型、经济模型等，通过求解常微分方程我们便可以了解未知函数的性质.

本章首先介绍常微分方程的相关概念，然后给出可分离变量微分方程和一阶线性微分方程的解法，最后讲解二阶常系数齐次线性微分方程的解法.

学习目标

1. **掌握**　可分离变量微分方程的解法，一阶线性微分方程的解法，二阶常系数齐次线性微分方程的解法.
2. **熟悉**　微分方程的定义，微分方程的阶、解、通解、初值条件和特解.
3. **了解**　二阶线性微分方程解的结构.

第一节　微分方程

PPT

一、微分方程的建立

首先，我们通过具体的例子来说明微分方程是如何建立的.

引例1　曲线方程

一曲线通过点 $(2,1)$，且在该曲线上任一点处的切线斜率为 $3x^2$，求这条曲线方程.

解　设该曲线方程为 $y = f(x)$.

由题意可得

$$\frac{\mathrm{d}y}{\mathrm{d}x} = 3x^2,$$

两边同时积分得

$$y = x^3 + C（C 为任意常数）$$

又因为曲线通过 $(2,1)$ 点，得 $C = -7$.

故所求曲线方程为

$$y = x^3 - 7.$$

引例 2 人口模型

我们假设人口在自然增长的过程中，单位时间内人口的净增长数与人口总数之比为常数 r ，则在 t 到 $t +\Delta t$ 这段时间内人口数量 $N = N(t)$ 的增长为

$$N(t + \Delta t) - N(t) = rN(t)\Delta t ,$$

于是 $N(t)$ 满足微分方程

$$\frac{\mathrm{d}N}{\mathrm{d}t} = rN.$$

由以上两个例子，我们大致可以看出微分方程是反映客观现实中量与量的变化关系，并且常与时间有关．构造微分方程的数学模型最常用的方法是从已知的规律出发，通过主要因素提炼出自变量和因变量（未知函数），再根据相应的规律构造出自变量和未知函数及其导数的关系式，得到相应的微分方程．

二、常微分方程的概念

定义 一般的，凡表示未知函数、未知函数的导数与自变量之间关系的方程，均叫作微分方程．如果在微分方程中，自变量的个数只有一个，则称这种方程为常微分方程．我们主要研究常微分方程．

例如关系式 $\frac{\mathrm{d}N}{\mathrm{d}t} = rN$ ，就是常微分方程，这里 N 是未知函数，t 是自变量．又如方程 $\frac{\mathrm{d}y}{\mathrm{d}x} = 3x^2$，$y'' - 2y' - 3y = 0$ ，也是常微分方程，其中 y 是未知函数，x 是自变量．

微分方程中出现的未知函数的最高阶导数的阶数，称为微分方程的阶．例如，$\frac{\mathrm{d}y}{\mathrm{d}x} = 3x^2$ 是一阶常微分方程，$y'' - 2y' - 3y = 0$ 是二阶常微分方程．

1. 线性与非线性微分方程 若方程是由未知函数及其导数的一次有理整式组成的，称为线性微分方程．如方程 $y'' - 2y' - 3y = 0$ 为二阶线性微分方程．不是线性方程的微分方程称为非线性微分方程．

2. 微分方程的解和隐式解 满足微分方程的函数，即带入微分方程能使该方程成为恒等式的函数，叫作微分方程的解．确切地说，如果函数 $y = \varphi(x)$ 带入方程后，能使之成为恒等式，我们就把函数 $y = \varphi(x)$ 称为方程的解．如果方程的解 $y = \varphi(x)$ 是由隐函数 $\Phi(x,y) = 0$ 确定的，则称 $\Phi(x,y) = 0$ 是方程的隐式解．例如，方程 $\frac{\mathrm{d}y}{\mathrm{d}x} = -\frac{2x}{3y}$ 的解有 $y = \sqrt{1 - \frac{2}{3}x^2}$ 和 $y = -\sqrt{1 - \frac{2}{3}x^2}$，是由隐函数 $2x^2 + 3y^2 = 3$ 决定的，所以 $2x^2 + 3y^2 = 3$ 就是方程的隐式解．今后为了方便，我们不把隐式解与解区分开来，统称方程的解．

3. 微分方程的通解和特解 我们把微分方程的解 $y = \varphi(x,C_1,C_2,\cdots,C_n)$ 称为 n 阶微分方程的通解，其中 C_1,C_2，$\cdots$，C_n 是 n 个相互独立的任意常数，且任意常数的个数与微分方程的阶数相同．例如，微分方程 $\frac{\mathrm{d}y}{\mathrm{d}x} = 3x^2$ 是一阶的，其通解为 $y = x^3 + C$ ，含有一个任意常数；而微分方程 $y'' - 2y' - 3y = 0$ 是二阶的，其通解为 $y = C_1\mathrm{e}^{-x} + C_2\mathrm{e}^{3x}$ ，含有两个任意常数．

根据问题的实际情况，确定这些常数，往往需要给出必要的条件，这就是初值条件．所谓初值条件，就是如果微分方程是一阶的，通常确定方程解中常数的条件是当 $x = x_0$ 时有 $y = y_0$；如果微分方程是二阶的，通常确定方程解中常数的条件是当 $x = x_0$ 时有 $y = y_0$ 及 $y' = y_0'$．

通过初值条件而确定通解中常数所得到的解，称为微分方程的特解．注意初值条件不同，特解也不尽相同．例如，二阶微分方程 $y'' - 2y' - 3y = 0$ 的通解是 $y = C_1\mathrm{e}^{-x} + C_2\mathrm{e}^{3x}$．容易验证，方程满足初值条件

$$y(0) = 0, y'(0) = 1$$

的特解为

$$y = -\frac{1}{4}e^{-x} + \frac{1}{4}e^{3x}$$

故

$$C_1 = -\frac{1}{4}, C_2 = \frac{1}{4};$$

而方程满足初值条件

$$y(0) = 2, y'(0) = 2$$

的特解为

$$y = e^{-x} + e^{3x}$$

故

$$C_1 = 1, C_2 = 1.$$

知识链接

传染病模型

新型冠状病毒肺炎在全球肆虐. 我们也时常能够听到诸如艾滋病病毒、SARS 冠状病毒、埃博拉病毒在世界各地流行的新闻. 所以,对其传播规律进行分析研究,建立传染病的数学模型,能够科学有效地控制传染病的蔓延.

按照我国疫情防控政策,在新型冠状病毒传播初期,对某城市进行封城,则传播期间该城市总人数不变,假设为常数 n. 传播初期,感染人数为 x_0,在 t 时刻的感染人数为 $x(t)$,健康人数为 $y(t)$. 由于总人数为常数,我们可以得到

$$x(t) + y(t) = n.$$

设单位时间内一个新型冠状病毒肺炎患者传染人数与当时的健康人数成正比,比例常数为 k,称 k 为传染系数,于是

$$\frac{\mathrm{d}x(t)}{\mathrm{d}t} = ky(t)x(t), x(0) = x_0 ,$$

所以

$$\frac{\mathrm{d}x}{\mathrm{d}t} = kx(n - x), x(0) = x_0.$$

我们将这一模型称为 SI 模型,即易感染者和已感染者模型. 此传染病模型为常微分方程.

由上述模型推导得到的 SIR 模型曾被克马克等人用于检验 20 世纪初在印度孟买发生的一次瘟疫,其理论曲线与实际数据相当吻合.

第二节 一阶微分方程

PPT

一、可分离变量的微分方程 e 微课

我们将一阶微分方程 $\dfrac{\mathrm{d}y}{\mathrm{d}x} = f(x)g(y)$ 称为可分离变量的微分方程,其中函数 $f(x)$ 与 $g(y)$ 分别是 x、y 的连续函数.

这时，若 $g(y) \neq 0$，便能把方程写成一边只含 y 的函数和 $\mathrm{d}y$，另一边只含 x 的函数和 $\mathrm{d}x$，即 $\dfrac{1}{g(y)}\mathrm{d}y = f(x)\mathrm{d}x$ 的形式，变量就"分离"了.

两边积分，可得

$$\int \frac{1}{g(y)}\mathrm{d}y = \int f(x)\mathrm{d}x + C ,$$

这里的积分常数 C 我们确切地写了出来，$\int \dfrac{1}{g(y)}\mathrm{d}y$ 和 $\int f(x)\mathrm{d}x$ 我们分别看作 $\dfrac{1}{g(y)}$ 和 $f(x)$ 的原函数. 此时，以上关系式就是微分方程 $\dfrac{\mathrm{d}y}{\mathrm{d}x} = f(x)g(y)$ 的通解.

例1 求微分方程 $\dfrac{\mathrm{d}y}{\mathrm{d}x} = 3x^2 y$ 的通解.

解 方程可分离变量，得

$$\frac{\mathrm{d}y}{y} = 3x^2\mathrm{d}x ,$$

两边积分得

$$\int \frac{\mathrm{d}y}{y} = \int 3x^2\mathrm{d}x ,$$

所以

$$\ln|y| = x^3 + C_1 ,$$

即

$$y = \pm \mathrm{e}^{x^3+C_1} = \pm \mathrm{e}^{C_1}\mathrm{e}^{x^3} ,$$

令 $C = \pm \mathrm{e}^{C_1}$，即 $y = C\mathrm{e}^{x^3}$，又 $y \equiv 0$ 包含在 $y = C\mathrm{e}^{x^3}$ 中，

故方程的通解为

$$y = C\mathrm{e}^{x^3} .$$

例2 求微分方程 $\dfrac{\mathrm{d}y}{\mathrm{d}x} = \mathrm{e}^{2x-y}$ 满足 $y|_{x=0} = 0$ 条件的特解.

解 方程可分离变量，得

$$\frac{\mathrm{d}y}{\mathrm{d}x} = \mathrm{e}^{2x}\mathrm{e}^{-y}, \mathrm{e}^{y}\mathrm{d}y = \mathrm{e}^{2x}\mathrm{d}x ,$$

两边积分得

$$\int \mathrm{e}^{y}\mathrm{d}y = \int \mathrm{e}^{2x}\mathrm{d}x ,$$

即通解为

$$\mathrm{e}^{y} = \frac{1}{2}\mathrm{e}^{2x} + C ,$$

将初始条件 $y|_{x=0} = 0$ 代入通解中，得 $C = -\dfrac{1}{2}$，

故方程的特解为

$$\mathrm{e}^{y} = \frac{1}{2}\mathrm{e}^{2x} - \frac{1}{2} .$$

即学即练 6 - 1

答案解析

微分方程 $\dfrac{\mathrm{d}y}{\mathrm{d}x} = 2xy$ 满足 $x = 0, y = 1$ 的特解是（　　）.

A. $y = \mathrm{e}^{x^2}$　　　　B. $y = C\mathrm{e}^{x^2}$　　　　C. $y = -\mathrm{e}^{x^2}$　　　　D. $y = \mathrm{e}^{x}$

▶▶ 实例分析

实例　随着现代科技的数学化，现代医药学也加快了向数学化发展的速度．现代医药学应用数学方法解决其科研问题，找出其中的数量规律，已成为发展的必然趋势，体现医药学中各变量之间关系的解析式就称为数学模型，而医药学中应用最为广泛的数学模型就是微分方程．

例如检验人员对某蓄水池进行定期抽取单位容积水样做检验，测得该水池中大肠埃希菌的相对繁殖速率为 $\dfrac{1}{x}\dfrac{\mathrm{d}x}{\mathrm{d}t} = r - kx$，其中 r、k 均为正数．

答案解析

问题　试分析该水池中大肠埃希菌的繁殖规律．

二、一阶线性微分方程

一阶线性微分方程的一般形式为

$$\frac{\mathrm{d}y}{\mathrm{d}x} + P(x)y = Q(x) ,$$

其中 $P(x), Q(x)$ 均为 x 的已知连续函数．

1. 一阶线性齐次微分方程

$$\frac{\mathrm{d}y}{\mathrm{d}x} + P(x)y = 0.$$

上述齐次方程是可分离变量的，分离变量后得

$$\frac{\mathrm{d}y}{y} = -P(x)\mathrm{d}x ,$$

两边积分得

$$\ln|y| = -\int P(x)\mathrm{d}x + C_1 ,$$

故齐次微分方程的通解为

$$y = C\mathrm{e}^{-\int P(x)\mathrm{d}x} \ (C = \pm \mathrm{e}^{C_1}).$$

若齐次方程具有如下形式

$$\frac{\mathrm{d}y}{\mathrm{d}x} = g\left(\frac{y}{x}\right) ,$$

则这里的 $g(u)$ 是 u 的连续函数．

引入变量

$$u = \frac{y}{x} ,$$

可得
$$y = ux,$$

两边微分后得
$$\frac{\mathrm{d}y}{\mathrm{d}x} = x\frac{\mathrm{d}u}{\mathrm{d}x} + u.$$

于是原方程化为
$$x\frac{\mathrm{d}u}{\mathrm{d}x} + u = g(u),$$

整理后得
$$\frac{\mathrm{d}u}{\mathrm{d}x} = \frac{g(u) - u}{x}.$$

这样，我们便得到了一个可分离变量的微分方程，可按照上述方法求解，再将 $u = \dfrac{y}{x}$ 代回，即得到原方程的解.

例3　解微分方程 $\dfrac{\mathrm{d}y}{\mathrm{d}x} = \dfrac{y}{x} + \tan\dfrac{y}{x}$.

解　令 $u = \dfrac{y}{x}$，则 $\dfrac{\mathrm{d}y}{\mathrm{d}x} = x\dfrac{\mathrm{d}u}{\mathrm{d}x} + u$，

代入原方程得
$$x\frac{\mathrm{d}u}{\mathrm{d}x} + u = u + \tan u,$$

分离变量得
$$\frac{\cos u}{\sin u}\mathrm{d}u = \frac{\mathrm{d}x}{x},$$

两边积分得
$$\int \frac{\cos u}{\sin u}\mathrm{d}u = \int \frac{\mathrm{d}x}{x},$$

从而 $\ln|\sin u| = \ln|x| + \ln C$，即 $\sin u = Cx$.

同时我们看到 $\tan u = 0$ 即 $\sin u = 0$ 也是方程的解，所以方程的通解为 $\sin u = Cx$.

以 $\dfrac{y}{x}$ 代替 u，得所给方程的通解为
$$\sin\frac{y}{x} = Cx.$$

2. 一阶线性非齐次微分方程

$$\frac{\mathrm{d}y}{\mathrm{d}x} + P(x)y = Q(x).$$

求非齐次微分方程 $\dfrac{\mathrm{d}y}{\mathrm{d}x} + P(x)y = Q(x)$ 的通解常使用常数变易法. 显然，齐次是非齐次的特殊情形，可以设想将对应齐次方程的通解 $y = Ce^{-\int P(x)\mathrm{d}x}$ 中的 C 换成 x 的待定函数 $C(x)$，即
$$y = C(x)e^{-\int P(x)\mathrm{d}x},$$

于是代入非齐次方程，

$$C'(x) \cdot e^{-\int P(x)dx} + C(x) \cdot e^{-\int P(x)dx} \cdot [-P(x)] + P(x) \cdot C(x) \cdot e^{-\int P(x)dx} = Q(x)$$

整理得
$$C'(x) \cdot e^{-\int P(x)dx} = Q(x),$$

从而
$$C(x) = \int Q(x) \cdot e^{\int P(x)dx} \cdot dx + C,$$

故非齐次微分方程的通解为

$$y = \left(\int Q(x) \cdot e^{\int P(x)dx} \cdot dx + C \right) e^{-\int P(x)dx}.$$

由此可知，一阶线性非齐次微分方程的通解等于对应的齐次方程的通解与非齐次方程的一个特解之和．通常，我们将常数转变为待定函数的方法，称为常数变易法，常数变易法也是一种变量变化的方法．

例4 求微分方程 $\dfrac{dy}{dx} + y\cos x = xe^{-\sin x}$ 的通解.

解 由题可知 $P(x) = \cos x, Q(x) = xe^{-\sin x}$，

先求出其对应的齐次方程的通解

$$y = C_1 e^{-\int P(x)dx} = C_1 e^{-\int \cos x dx} = C_1 e^{-\sin x}.$$

用常数变易法，令上式中的 $C_1 = C(x)$，得

$$y = C(x)e^{-\sin x}$$

将上式代入原方程中，得

$$[C(x)e^{-\sin x}]' + [C(x)e^{-\sin x}]\cos x = xe^{-\sin x}$$
$$C'(x)e^{-\sin x} = xe^{-\sin x},$$

于是

$$C(x) = \frac{1}{2}x^2 + C,$$

得原方程通解为

$$y = \left(\frac{1}{2}x^2 + C \right)e^{-\sin x} \ (C \text{ 为任意常数}).$$

例5 求微分方程 $xy' - y = 4x\ln x$ 的通解.

解 两边同时除以 x，得

$$\frac{dy}{dx} - \frac{y}{x} = 4\ln x.$$

由题可知 $P(x) = -\dfrac{1}{x}, Q(x) = 4\ln x$，

因为 $e^{-\int P(x)dx} = e^{\int \frac{1}{x}dx} = e^{\ln x} = x, \int Q(x)e^{\int P(x)dx}dx = 4\int \ln x \cdot \dfrac{1}{x}dx = 2\ln^2 x$，

所以方程的通解为

$$y = \left[\int Q(x) \cdot e^{\int P(x)dx} \cdot dx + C \right]e^{-\int P(x)dx}$$
$$= (2\ln^2 x + C)x \ (C \text{ 为任意常数}).$$

微分方程 $y' + 3y = e^{-2x}$ 的通解为（　）.

A. $e^{-2x} + e^{-3x}$　　　　　　　　　　B. $Ce^{-2x} + e^{-3x}$

C. $e^{-2x} + Ce^{-3x}$　　　　　　　　　　D. $e^{2x} + e^{3x}$

第三节　二阶常系数线性微分方程

PPT

二阶线性微分方程具有一般形式

$$y'' + a_1(x)y' + a_2(x)y = f(x)，$$

其中 $a_1(x)$、$a_2(x)$ 以及 $f(x)$ 均为 x 的连续函数.

当 $f(x) \equiv 0$ 时，方程 $y'' + a_1(x)y' + a_2(x)y = 0$，叫作二阶齐次线性微分方程；

当 $f(x) \neq 0$ 时，方程 $y'' + a_1(x)y' + a_2(x)y = f(x)$，叫作二阶非齐次线性微分方程.

一、二阶线性微分方程解的结构

通过如下定理，给出二阶线性微分方程解的结构，定理证明从略.

定理 1　二阶齐次线性微分方程一定存在两个解，并且它们是线性无关的.

定理 2　假设二阶齐次线性微分方程具有两个线性无关的解 $y_1(x)$ 与 $y_2(x)$，则 $y = C_1 y_1(x) + C_2 y_2(x)$ 就是此方程的通解，其中 C_1, C_2 是任意常数.

定理 3　设 $y^*(x)$ 是二阶非齐次线性微分方程的一个特解，$Y(x)$ 是与其对应的齐次微分方程的通解，则 $y = Y(x) + y^*(x)$ 是二阶非齐次线性微分方程的通解.

二、二阶常系数齐次线性微分方程

在二阶齐次线性微分方程

$$y'' + P(x)y' + Q(x)y = 0$$

中，如果 y' 与 y 的系数 $P(x)$，$Q(x)$ 均为常数，则上式为

$$y'' + py' + qy = 0，$$

其中 p 与 q 为常数，这样的方程称为二阶常系数齐次线性微分方程.

观察一阶线性微分方程的通解可知，其解均含指数函数，故可推断二阶常系数齐次线性微分方程也有形如 $y = e^{\lambda x}$ 形式的解. 将 $y = e^{\lambda x}, y' = \lambda e^{\lambda x}, y'' = \lambda^2 e^{\lambda x}$ 代入方程中，得

$$(\lambda^2 + p\lambda + q)e^{\lambda x} = 0，$$

由于 $e^{\lambda x} \neq 0$，所以有

$$\lambda^2 + p\lambda + q = 0.$$

将代数方程 $\lambda^2 + p\lambda + q = 0$ 的解代入 $e^{\lambda x}$，则函数 $e^{\lambda x}$ 就是二阶常系数齐次线性微分方程的解. 代数方程 $\lambda^2 + p\lambda + q = 0$ 叫作二阶常系数齐次线性微分方程的特征方程，代数方程 $\lambda^2 + p\lambda + q = 0$ 的根叫作二阶常系数齐次线性微分方程的特征根. 根据 $\Delta = p^2 - 4q$ 的情况，二阶常系数齐次线性微分方程有三种

不同的特征根.

（1）当 $\Delta > 0$ 时，有两个不同实根 λ_1、λ_2.

可得齐次微分方程的两个线性无关的特解 $y_1 = e^{\lambda_1 x}$ 和 $y_2 = e^{\lambda_2 x}$，

故二阶常系数齐次线性微分方程的通解为

$$y = C_1 e^{\lambda_1 x} + C_2 e^{\lambda_2 x}.$$

（2）当 $\Delta = 0$ 时，有两个相等实根 $\lambda_1 = \lambda_2 = \lambda$.

可得齐次微分方程的一个特解 $y_1 = e^{\lambda x}$，因此还需找到它的另一个线性无关的特解 y_2. 不妨设 $y_2 = e^{\lambda x} u(x)$，代入二阶常系数齐次线性微分方程 $y'' + py' + qy = 0$ 中可得

$$u'' + (p + 2\lambda) u' + (\lambda^2 + p\lambda + q) u = 0,$$

其中 λ 是代数方程 $\lambda^2 + p\lambda + q = 0$ 的重根，故 $p + 2\lambda = 0$ 及 $\lambda^2 + p\lambda + q = 0$，于是有

$$u'' = 0.$$

我们只需要一个不为常数的解就可以，因此选取 $u(x) = x$，可得到此微分方程的另一个特解 $y = x e^{\lambda x}$. 故二阶常系数齐次线性微分方程的通解为

$$y = (C_1 + C_2 x) e^{\lambda x}.$$

（3）当 $\Delta < 0$ 时，有一对共轭复根 λ_1、λ_2.

$$\lambda_1 = \alpha + i\beta, \quad \lambda_2 = \alpha - i\beta \quad (\beta \neq 0)$$

此时 $y_1 = e^{(\alpha + i\beta)x}$，$y_2 = e^{(\alpha - i\beta)x}$ 是齐次微分方程的两个复值解，利用欧拉公式可得二阶常系数齐次线性微分方程的通解为

$$y = e^{\alpha x} (C_1 \cos\beta x + C_2 \sin\beta x).$$

综上所述，求二阶常系数齐次线性微分方程

$$y'' + py' + qy = 0$$

通解的步骤如下：

（1）写出所对应的特征方程 $\lambda^2 + p\lambda + q = 0$；

（2）求出特征方程的特征根 λ_1、λ_2；

（3）依照下表写出二阶常系数齐次线性微分方程的通解.

特征根	$y'' + py' + qy = 0$ 的通解
不相等的实根 λ_1、λ_2	$y = C_1 e^{\lambda_1 x} + C_2 e^{\lambda_2 x}$
相等的实根 $\lambda_1 = \lambda_2 = \lambda$	$y = (C_1 + C_2 x) e^{\lambda x}$
共轭复根 $\lambda_{1,2} = \alpha \pm \beta i (\beta \neq 0)$	$y = e^{\alpha x} (C_1 \cos\beta x + C_2 \sin\beta x)$

例 1 求微分方程 $y'' - 2y' - 3y = 0$ 的通解.

解 特征方程为 $\lambda^2 - 2\lambda - 3 = 0$，

有两个不相等的实根 $\lambda_1 = -1, \lambda_2 = 3$，

因此所求通解为 $y = C_1 e^{-x} + C_2 e^{3x}, C_1$ 与 C_2 为任意常数.

例 2 求微分方程 $y'' + 2y' + y = 0$ 满足初始条件 $y|_{x=0} = 4, y'|_{x=0} = -2$ 的特解.

解 特征方程为 $\lambda^2 + 2\lambda + 1 = 0$，

有两个相等的实根 $\lambda_1 = \lambda_2 = -1$，

因此所求通解为 $y = (C_1 + C_2 x) e^{-x}$，

将条件 $y|_{x=0} = 4$ 代入通解，得 $C_1 = 4$，

从而 $y = (4 + C_2 x)\mathrm{e}^{-x}$，

对 x 求导 $y' = (C_2 - 4 - C_2 x)\mathrm{e}^{-x}$，

将条件 $y'|_{x=0} = -2$ 代入，得 $C_2 = 2$，

故所求特解为 $y = (4 + 2x)\mathrm{e}^{-x}.$

例 3 求微分方程 $y'' - 2y' + 5y = 0$ 的通解.

解 特征方程为 $\lambda^2 - 2\lambda + 5 = 0$，

有一对共轭复根 $\lambda_1 = 1 + 2i, \lambda_2 = 1 - 2i$，

因此所求通解为 $y = \mathrm{e}^x(C_1\cos 2x + C_2\sin 2x).$

目标检测

答案解析

一、单项选择题

1. 下列方程中属于常微分方程的是 （　　）.

　　A. $x^2 - 2x + 1 = 0$ 　　　　　　　　　　B. $y' = xy^2$

　　C. $\dfrac{\partial u}{\partial t} = \dfrac{\partial^2 u}{\partial x^2} + \dfrac{\partial^2 u}{\partial y^2}$ 　　　　　　D. $y = x^2 + C$

2. 下列微分方程属于线性的是 （　　）.

　　A. $y' = x^2 + y^2$ 　　　　　　　　　　B. $y'' + y^2 = \mathrm{e}^x$

　　C. $y'' + x^2 = 0$ 　　　　　　　　　　D. $y' - y = xy^2$

3. 若 $y = \mathrm{e}^{-3x} + a$ 是微分方程 $y' + 3y = 1$ 的解，则 $a = $（　　）.

　　A. $\dfrac{1}{3}$ 　　　　　B. $-\dfrac{1}{3}$ 　　　　　C. 1 　　　　　D. -1

4. 微分方程 $x\dfrac{\mathrm{d}y}{\mathrm{d}x} + 3y = 0$ 的通解为 （　　）.

　　A. $y = x^{-3}$ 　　　　B. $y = Cx\mathrm{e}^x$ 　　　　C. $y = x^{-3} + C$ 　　　　D. $y = Cx^{-3}$

5. 微分方程 $y' = y$ 满足初始条件 $y|_{x=0} = 2$ 的特解是 （　　）.

　　A. $y = \mathrm{e}^x + 1$ 　　　　B. $y = \mathrm{e}^{2x}$ 　　　　C. $y = 2\mathrm{e}^{2x}$ 　　　　D. $y = 2\mathrm{e}^x$

6. 微分方程 $y'' - 4y = 0$ 的通解为 （　　）.

　　A. $y = C_1\mathrm{e}^{2x} + C_2\mathrm{e}^{-2x}$ 　　　　　　B. $y = C_1\mathrm{e}^{3x} + C_2\mathrm{e}^{-3x}$

　　C. $y = C_1 x + C_2 x^2$ 　　　　　　　　D. $y = C_1 x^{-1} + C_2 x^{-2}$

7. 微分方程 $y' + y\cos x = \mathrm{e}^{-\sin x}$ 的通解是 （　　）.

　　A. $y = (x + C)\mathrm{e}^{\sin x}$ 　　　　　　　B. $y = (x + C)\mathrm{e}^{-\sin x}$

　　C. $y = (x + 1)\mathrm{e}^{\sin x}$ 　　　　　　　D. $y = (x + 1)\mathrm{e}^{-\sin x}$

8. 微分方程 $y'' - 2y' - 3y = 0$ 的通解为 （　　）.

　　A. $y = \dfrac{C_1}{x} + C_2 x^3$ 　　　　　　　B. $y = C_1 x + \dfrac{C_2}{x^3}$

　　C. $y = C_1\mathrm{e}^{-x} + C_2\mathrm{e}^{3x}$ 　　　　　　D. $y = C_1\mathrm{e}^x + C_2\mathrm{e}^{-3x}$

9. 若 $y_1 = e^{3x}, y_2 = xe^{3x}$，则它们所满足的微分方程为（ ）.

    A. $y'' + 6y' + 9y = 0$ B. $y'' - 9y = 0$

    C. $y'' + 9y = 0$ D. $y'' - 6y' + 9y = 0$

10. 微分方程 $y'' + 6y' + 13y = 0$ 的通解为（ ）.

    A. $y = e^{-3x}(C_1\cos 2x + C_2\sin 2x)$ B. $y = e^{2x}(C_1\cos 3x - C_2\sin 3x)$

    C. $y = e^{3x}(C_1\cos 2x - C_2\sin 2x)$ D. $y = e^{-2x}(C_1\cos 3x + C_2\sin 3x)$

二、填空题

1. 形如＿＿＿＿＿＿＿＿的方程称为可分离变量的微分方程，其中 $f(x)$ 和 $g(y)$ 分别是 x 和 y 的连续函数.

2. 微分方程 $\left(\dfrac{\mathrm{d}y}{\mathrm{d}x}\right)^n + \dfrac{\mathrm{d}y}{\mathrm{d}x} - y^2 + x^2 = 0$ 的阶数是＿＿＿＿＿＿＿＿.

3. 二阶齐次线性微分方程的两个解 $y_1(x)$ 与 $y_2(x)$ 能构成此方程通解 $y = C_1 y_1(x) + C_2 y_2(x)$ 的充分条件是＿＿＿＿＿＿＿＿.

4. 微分方程 $y'' = \sin x$ 的通解为＿＿＿＿＿＿＿＿.

5. 一阶线性微分方程 $2y' = 2e^x + y$ 的通解为＿＿＿＿＿＿＿＿.

三、解答题

1. 求微分方程 $\dfrac{\mathrm{d}y}{\mathrm{d}x} + \dfrac{e^{y^2+3x}}{y} = 0$ 的通解.

2. 求微分方程 $2x^2 yy' = y^2 + 1$ 的通解.

3. 求微分方程 $y'' - 2y' + y = 0$ 的通解.

4. 求微分方程 $y' = \dfrac{2y - x\ln x}{x}$ 的通解.

5. 求微分方程 $\dfrac{\mathrm{d}^2 y}{\mathrm{d}t^2} + 4\dfrac{\mathrm{d}y}{\mathrm{d}t} + 3y = 0$，且 $y|_{t=0} = 2$，$\dfrac{\mathrm{d}y}{\mathrm{d}t}\bigg|_{t=0} = 6$.

书网融合……

知识回顾   微课   习题

学习引导

矩阵实质上就是一张长方形数表，矩阵这个工具早就在我们的实际生活中广泛使用了，例如在小学时拿到的成绩单，就是一个长方形的数表，它就是一个矩阵. 还有工厂中的生产进度表、销售统计表、车站的时刻表、科研工作中的数据分析表等，这些表格实际上都是一个矩阵.

本章主要学习矩阵的概念、矩阵的运算、矩阵的初等变换、线性方程组及其解法等相关内容.

学习目标

1. 掌握　几种特殊的矩阵；矩阵的线性运算、乘法运算、转置及其运算规律；矩阵的初等行变换和利用初等行变换求矩阵秩和逆矩阵的方法；线性方程组解的存在性的判断方法及用初等行变换求线性方程组全部解的方法.

2. 熟悉　矩阵的定义；相等矩阵的概念；非齐次线性方程组有解的充要条件及齐次线性方程组有非零解的充要条件.

3. 了解　逆矩阵的概念；阶梯形矩阵；矩阵秩的概念.

第一节　矩阵

一、矩阵的概念 🅴 微课

定义 1　由 $m \times n$ 个数 $a_{ij}(i = 1, 2, \cdots, m; j = 1, 2, \cdots, n)$ 排成的 m 行 n 列的数表

$$
\begin{array}{cccc}
a_{11} & a_{12} & \cdots & a_{1n} \\
a_{21} & a_{22} & \cdots & a_{2n} \\
\vdots & \vdots & & \vdots \\
a_{m1} & a_{m2} & \cdots & a_{mn}
\end{array}
$$

称为 m 行 n 列矩阵，简称 $m \times n$ 矩阵. 为表示它是一个整体，总是加一个括弧，并用大写字母表示，记作

$$A = \begin{pmatrix} a_{11} & a_{12} & \cdots & a_{1n} \\ a_{21} & a_{22} & \cdots & a_{2n} \\ \vdots & \vdots & & \vdots \\ a_{m1} & a_{m2} & \cdots & a_{mn} \end{pmatrix},$$

这 $m \times n$ 个数称为矩阵 A 的元素，简称为元，数 a_{ij} 称为矩阵 A 的第 i 行第 j 列元素. 一个 $m \times n$ 矩阵 A 也可简记作为

$$A = A_{m \times n} = (a_{ij})_{m \times n} \text{ 或 } A = (a_{ij}).$$

例1 上过营养课后，某学生希望通过调节饮食来提高蛋白质和膳食纤维的摄入，其中用到了 4 种食物，其营养信息在表 7 – 1 中给出.

表 7 – 1　每份食物营养成分含量

营养成分	奶酪	西蓝花	瘦肉	贝类
卡路里	270	51	70	260
蛋白质（克）	10	5.4	15	9
膳食纤维（克）	2	5	0	5

这 4 种食物中的 3 种营养成分含量可以用矩阵表示为

$$\begin{pmatrix} 270 & 51 & 70 & 260 \\ 10 & 5.4 & 15 & 9 \\ 2 & 5 & 0 & 5 \end{pmatrix}.$$

行数与列数都等于 n 的矩阵称为 n 阶矩阵或 n 阶方阵，n 阶矩阵也记作 A_n，即

$$A_n = \begin{pmatrix} a_{11} & a_{12} & \cdots & a_{1n} \\ a_{21} & a_{22} & \cdots & a_{2n} \\ \vdots & \vdots & & \vdots \\ a_{n1} & a_{n2} & \cdots & a_{nn} \end{pmatrix}.$$

所有元素都是零的矩阵称为零矩阵，记作 O. 注意不同型的零矩阵是不同的，例如矩阵 $O_{2 \times 3} = \begin{pmatrix} 0 & 0 & 0 \\ 0 & 0 & 0 \end{pmatrix}$ 与矩阵 $O_{3 \times 2} = \begin{pmatrix} 0 & 0 \\ 0 & 0 \\ 0 & 0 \end{pmatrix}$ 是不同的零矩阵.

如果两个矩阵具有相同的行数和相同的列数，则称这两个矩阵为同型矩阵.

二、矩阵的相等

定义2 如果 $A = (a_{ij})$ 与 $B = (b_{ij})$ 是同型矩阵，并且它们的对应元素相等，即

$$a_{ij} = b_{ij}(i = 1,2,\cdots,m; j = 1,2,\cdots,n),$$

那么就称矩阵 A 与矩阵 B 相等，记作 $A = B$.

例2 设 $A = \begin{pmatrix} 2 & 1-x & 4 \\ 6 & 2 & 3z \end{pmatrix}, B = \begin{pmatrix} 2 & x & 4 \\ y & 2 & z-8 \end{pmatrix}$，已知 $A = B$，求 x、y、z.

解 已知 $A = B$，即矩阵 A 与 B 的对应元素相等，

所以 $1 - x = x, y = 6, 3z = z - 8$ ，

解得 $x = \dfrac{1}{2}, y = 6, z = -4.$

三、几种特殊的矩阵

1. 行距阵　只有一行的矩阵 $A = (a_1 \quad a_2 \quad \cdots \quad a_n)$ 称为行矩阵，又称为行向量．为避免元素间的混淆，行矩阵记作 $A = (a_1, a_2, \cdots, a_n)$．

2. 列矩阵　只有一列的矩阵 $B = \begin{pmatrix} b_1 \\ b_2 \\ \vdots \\ b_m \end{pmatrix}$ 称为列矩阵，又称为列向量．

3. 对角矩阵　$\begin{pmatrix} \lambda_1 & 0 & \cdots & 0 \\ 0 & \lambda_2 & \cdots & 0 \\ \vdots & \vdots & & \vdots \\ 0 & 0 & \cdots & \lambda_n \end{pmatrix}$ 中，从左上角到右下角的直线（叫作主对角线）以外的元素都

是 0，形如这样的方阵称为对角矩阵，简称对角阵．对角阵也记作

$$\Lambda = \mathrm{diag}(\lambda_1, \lambda_2, \cdots, \lambda_n).$$

n 阶方阵中对主角线以下（上）的元素全为 0 的矩阵称为上（下）三角矩阵．

4. 单位矩阵　n 阶方阵 $\begin{pmatrix} \lambda_1 & 0 & \cdots & 0 \\ 0 & \lambda_2 & \cdots & 0 \\ \vdots & \vdots & & \vdots \\ 0 & 0 & \cdots & \lambda_n \end{pmatrix}$ 中，当 $\lambda_1 = \lambda_2 = \cdots = \lambda_n = 1$ 时，得到对应的 n 阶方阵

$E = \begin{pmatrix} 1 & 0 & \cdots & 0 \\ 0 & 1 & \cdots & 0 \\ \vdots & \vdots & & \vdots \\ 0 & 0 & \cdots & 1 \end{pmatrix}$ 叫作 n 阶单位矩阵，简称单位阵．这个方阵的特点是，对角线上的元素都是 1，其

他元素都是 0. n 阶单位矩阵也记作 $E = E_n$（或 $I = I_n$）．

PPT

第二节　矩阵运算

矩阵的运算，在每一种运算中都要搞清楚三个问题：这种运算能不能进行？在什么条件下进行运算、如何运算？运算后得到的是什么？带着这三个问题我们开始学习矩阵的各种运算．

一、矩阵的加法

定义 1　设有两个 $m \times n$ 矩阵 $A = (a_{ij})$ 和 $B = (b_{ij})$，那么矩阵 A 与矩阵 B 的和记作 $A + B$，规定为

$$A + B = (a_{ij} + b_{ij}) = \begin{pmatrix} a_{11} + b_{11} & a_{12} + b_{12} & \cdots & a_{1n} + b_{1n} \\ a_{21} + b_{21} & a_{22} + b_{22} & \cdots & a_{2n} + b_{2n} \\ \vdots & \vdots & & \vdots \\ a_{m1} + b_{m1} & a_{m2} + b_{m2} & \cdots & a_{mn} + b_{mn} \end{pmatrix}.$$

注：只有当两个矩阵是同型矩阵时，这两个矩阵才能进行加法运算．求两个同型矩阵的和，就是把两个矩阵的对应位置元素相加，得到一个与矩阵 A、B 同行数、列数的同型矩阵.

矩阵的加法满足以下运算规律（设 A、B、C 都是 $m \times n$ 矩阵）：

（1）$A + B = B + A$；

（2）$(A + B) + C = A + (B + C)$；

（3）$A + O = A$.

设矩阵 $A = (a_{ij})$，记 $-A = (-a_{ij})$，称 $-A$ 为矩阵 A 的负矩阵，显然有

$$A + (-A) = O,$$

由此规定矩阵的减法为

$$A - B = A + (-B).$$

二、数与矩阵相乘

定义 2 数 λ 与矩阵 $A = (a_{ij})$ 的乘积记作 λA 或 $A\lambda$，规定为

$$\lambda A = A\lambda = (\lambda a_{ij}) = \begin{pmatrix} \lambda a_{11} & \lambda a_{12} & \cdots & \lambda a_{1n} \\ \lambda a_{21} & \lambda a_{22} & \cdots & \lambda a_{2n} \\ \vdots & \vdots & & \vdots \\ \lambda a_{m1} & \lambda a_{m2} & \cdots & \lambda a_{mn} \end{pmatrix}.$$

数与矩阵的乘积运算称为矩阵的数乘运算.

注：数与矩阵相乘时，就是要将这个数与矩阵中的每一个元素相乘，得到一个这个矩阵的同型矩阵.

数乘矩阵满足以下运算规律（设 A、B 都是 $m \times n$ 矩阵，λ、μ 都是常数）：

（1）$(\lambda\mu)A = \lambda(\mu A)$；

（2）$(\lambda + \mu)A = \lambda A + \mu A$；

（3）$\lambda(A + B) = \lambda A + \lambda B$；

（4）$1 \cdot A = A, 0 \cdot A = O$.

矩阵加法与数乘矩阵统称为矩阵的线性运算.

例 1 已知 $A = \begin{pmatrix} 3 & 2 & -6 \\ -1 & 5 & 4 \end{pmatrix}$，$B = \begin{pmatrix} 1 & 2 & -4 \\ 2 & -3 & 2 \end{pmatrix}$，求 $3A - 2B$.

解 $3A = 3\begin{pmatrix} 3 & 2 & -6 \\ -1 & 5 & 4 \end{pmatrix} = \begin{pmatrix} 9 & 6 & -18 \\ -3 & 15 & 12 \end{pmatrix}$，

$2B = 2\begin{pmatrix} 1 & 2 & -4 \\ 2 & -3 & 2 \end{pmatrix} = \begin{pmatrix} 2 & 4 & -8 \\ 4 & -6 & 4 \end{pmatrix}$，

$3A - 2B = \begin{pmatrix} 9 & 6 & -18 \\ -3 & 15 & 12 \end{pmatrix} - \begin{pmatrix} 2 & 4 & -8 \\ 4 & -6 & 4 \end{pmatrix}$

$$= \begin{pmatrix} 9-2 & 6-4 & -18-(-8) \\ -3-4 & 15-(-6) & 12-4 \end{pmatrix} = \begin{pmatrix} 7 & 2 & -10 \\ -7 & 21 & 8 \end{pmatrix}.$$

三、矩阵与矩阵相乘

定义3　设 $A = (a_{ij})_{m \times s} = \begin{pmatrix} a_{11} & a_{12} & \cdots & a_{1s} \\ a_{21} & a_{22} & \cdots & a_{2s} \\ \vdots & \vdots & & \vdots \\ a_{m1} & a_{m2} & \cdots & a_{ms} \end{pmatrix}$ 是一个 $m \times s$ 矩阵，$B = (b_{ij})_{s \times n} =$

$\begin{pmatrix} b_{11} & b_{12} & \cdots & b_{1n} \\ b_{21} & b_{22} & \cdots & b_{2n} \\ \vdots & \vdots & & \vdots \\ b_{s1} & b_{s2} & \cdots & b_{sn} \end{pmatrix}$ 是一个 $s \times n$ 矩阵，那么规定矩阵 A 与矩阵 B 的乘积是一个 $m \times n$ 矩阵 $C = (c_{ij})_{m \times n} =$

$\begin{pmatrix} c_{11} & c_{12} & \cdots & c_{1n} \\ c_{21} & c_{22} & \cdots & c_{2n} \\ \vdots & \vdots & & \vdots \\ c_{m1} & c_{m2} & \cdots & c_{mn} \end{pmatrix}$，其中

$$c_{ij} = a_{i1}b_{1j} + a_{i2}b_{2j} + \cdots + a_{is}b_{sj} = \sum_{k=1}^{s} a_{ik}b_{kj}$$
$$(i = 1, 2, \cdots, m; j = 1, 2, \cdots, n),$$

并把此乘积记作

$$C = AB,$$

读作 A 左乘 B 或 B 右乘 A.

按此定义，一个 $1 \times s$ 行矩阵与一个 $s \times 1$ 列矩阵的乘积是一个 1 阶方阵，也就是一个数，即

$$c_{ij} = \begin{pmatrix} a_{i1} & a_{i2} & \cdots & a_{is} \end{pmatrix} \begin{pmatrix} b_{1j} \\ b_{2j} \\ \vdots \\ b_{sj} \end{pmatrix} = a_{i1}b_{1j} + a_{i2}b_{2j} + \cdots + a_{is}b_{sj} = \sum_{k=1}^{s} a_{ik}b_{kj},$$

由此表明，乘积矩阵 $C = AB$，其中矩阵 C 的元素 c_{ij} 即矩阵 A 的第 i 行元素与矩阵 B 的第 j 列对应元素乘积的和.

注：两个矩阵相乘，只有当左边矩阵的列数等于右边矩阵的行数时，才能进行乘法运算，将左边矩阵的对应行元素与右边矩阵的对应列元素进行乘积并求和，通过计算得到一个与左边矩阵同行数且与右边矩阵同列数的乘积矩阵.

例2　若矩阵 A 是 3×5 矩阵，矩阵 B 是 5×2 矩阵，问 AB 和 BA 是否有意义？若有意义，乘积得到的是什么矩阵？

解　因为矩阵 A 是 3×5 矩阵，即有 5 列；矩阵 B 是 5×2 矩阵，即有 5 行；故乘积 AB 是有意义的，乘积矩阵是 3×2 矩阵.

$$\begin{matrix} A & & B & & AB \end{matrix}$$

$$\begin{pmatrix} * & * & * & * & * \\ * & * & * & * & * \\ * & * & * & * & * \end{pmatrix} \begin{pmatrix} * & * \\ * & * \\ * & * \\ * & * \\ * & * \end{pmatrix} = \begin{pmatrix} * & * \\ * & * \\ * & * \end{pmatrix}$$

$$\begin{matrix} 3 \times 5 & & 5 \times 2 & & 3 \times 2 \end{matrix}$$

乘积 BA 是没有意义的, 因为矩阵 B 的列数与矩阵 A 的行数不同, 不能进行矩阵乘法计算.

例 3 已知 $A = \begin{pmatrix} 5 & 3 \\ 2 & 4 \\ -2 & 1 \end{pmatrix}, B = \begin{pmatrix} 4 & 1 & 3 \\ -1 & 2 & 1 \end{pmatrix}$, 求 AB 与 BA.

解 $AB = \begin{pmatrix} 5 & 3 \\ 2 & 4 \\ -2 & 1 \end{pmatrix} \begin{pmatrix} 4 & 1 & 3 \\ -1 & 2 & 1 \end{pmatrix}$

$$= \begin{pmatrix} 5 \times 4 + 3 \times (-1) & 5 \times 1 + 3 \times 2 & 5 \times 3 + 3 \times 1 \\ 2 \times 4 + 4 \times (-1) & 2 \times 1 + 4 \times 2 & 2 \times 3 + 4 \times 1 \\ -2 \times 4 + 1 \times (-1) & -2 \times 1 + 1 \times 2 & -2 \times 3 + 1 \times 1 \end{pmatrix} = \begin{pmatrix} 17 & 11 & 18 \\ 4 & 10 & 10 \\ -9 & 0 & -5 \end{pmatrix},$$

$$BA = \begin{pmatrix} 4 & 1 & 3 \\ -1 & 2 & 1 \end{pmatrix} \begin{pmatrix} 5 & 3 \\ 2 & 4 \\ -2 & 1 \end{pmatrix}$$

$$= \begin{pmatrix} 4 \times 5 + 1 \times 2 + 3 \times (-2) & 4 \times 3 + 1 \times 4 + 3 \times 1 \\ -1 \times 5 + 2 \times 2 + 1 \times (-2) & -1 \times 3 + 2 \times 4 + 1 \times 1 \end{pmatrix} = \begin{pmatrix} 16 & 19 \\ -3 & 6 \end{pmatrix}.$$

例 4 求矩阵 $A = \begin{pmatrix} -2 & 4 \\ 1 & -2 \end{pmatrix}$ 与 $B = \begin{pmatrix} 2 & 4 \\ -3 & -6 \end{pmatrix}$ 的乘积 AB 及 BA.

解 $AB = \begin{pmatrix} -2 & 4 \\ 1 & -2 \end{pmatrix} \begin{pmatrix} 2 & 4 \\ -3 & -6 \end{pmatrix}$

$$= \begin{pmatrix} -2 \times 2 + 4 \times (-3) & -2 \times 4 + 4 \times (-6) \\ 1 \times 2 + (-2) \times (-3) & 1 \times 4 + (-2) \times (-6) \end{pmatrix} = \begin{pmatrix} -16 & -32 \\ 8 & 16 \end{pmatrix},$$

$$BA = \begin{pmatrix} 2 & 4 \\ -3 & -6 \end{pmatrix} \begin{pmatrix} -2 & 4 \\ 1 & -2 \end{pmatrix}$$

$$= \begin{pmatrix} 2 \times (-2) + 4 \times 1 & 2 \times 4 + 4 \times (-2) \\ -3 \times (-2) + (-6) \times 1 & -3 \times 4 + (-6) \times (-2) \end{pmatrix} = \begin{pmatrix} 0 & 0 \\ 0 & 0 \end{pmatrix}.$$

在例 2 中, A 是 3×5 矩阵, B 是 5×2 矩阵, 乘积 AB 有意义而 BA 却没有意义. 由此可知, 在矩阵的乘法中必须注意矩阵相乘的顺序. AB 是 A 左乘 B (B 被 A 左乘) 的乘积, BA 是 A 右乘 B 的乘积, AB 有意义时, BA 可能没有意义.

若当 A 是 $m \times n$ 矩阵, B 是 $n \times m$ 矩阵, 则 AB 与 BA 都有意义, 乘积 AB 是 m 阶方阵, 乘积 BA 是 n 阶方阵, 即当 $m \neq n$ 时, $AB \neq BA$, 如例 3. 即使 $m = n$, 即 A、B 是同阶方阵时, 如例 4 中, A、B 都是 2 阶方阵, 乘积 AB 和乘积 BA 也都是 2 阶方阵, 但仍有 $AB \neq BA$. 综上所述, 一般情况下, 矩阵的乘法不满足交换律, 即一般情况下 $AB \neq BA$.

不过，也并非所有矩阵的乘法都不能交换，例如设 $A = \begin{pmatrix} 1 & 1 \\ 0 & 1 \end{pmatrix}, B = \begin{pmatrix} 1 & 2 \\ 0 & 1 \end{pmatrix}$，则

$$AB = \begin{pmatrix} 1 & 1 \\ 0 & 1 \end{pmatrix}\begin{pmatrix} 1 & 2 \\ 0 & 1 \end{pmatrix} = BA = \begin{pmatrix} 1 & 2 \\ 0 & 1 \end{pmatrix}\begin{pmatrix} 1 & 1 \\ 0 & 1 \end{pmatrix} = \begin{pmatrix} 1 & 3 \\ 0 & 1 \end{pmatrix}.$$

在例 4 中，还可以看出，A、B 均为非零矩阵，但有 $BA = O$（零矩阵）. 由此得出：若两个矩阵 A、B 满足 $AB = O$，不能得出 $A = O$ 或 $B = O$ 的结论.

矩阵的乘法满足以下运算规律（假定运算都是可行的）：

（1）$(AB)C = A(BC)$；

（2）$\lambda(AB) = (\lambda A)B = A(\lambda B)$（$\lambda$ 是常数）；

（3）$A(B + C) = AB + AC, (B + C)A = BA + CA$.

四、矩阵的转置

定义 4　把矩阵 A 的行换成同序数的列得到一个新矩阵，叫作矩阵 A 的转置矩阵，记作 A^T.

即若 $A = \begin{pmatrix} a_{11} & a_{12} & \cdots & a_{1n} \\ a_{21} & a_{22} & \cdots & a_{2n} \\ \vdots & \vdots & & \vdots \\ a_{m1} & a_{m2} & \cdots & a_{mn} \end{pmatrix}$，则 $A^T = \begin{pmatrix} a_{11} & a_{21} & \cdots & a_{m1} \\ a_{12} & a_{22} & \cdots & a_{m2} \\ \vdots & \vdots & & \vdots \\ a_{1n} & a_{2n} & \cdots & a_{mn} \end{pmatrix}$.

矩阵的转置也是一种运算，满足以下运算规律（假定运算都是可行的）：

（1）$(A^T)^T = A$；

（2）$(A + B)^T = A^T + B^T$；

（3）$(\lambda A)^T = \lambda A^T$（$\lambda$ 是常数）；

（4）$(AB)^T = B^T A^T$.

例 5　已知 $A = \begin{pmatrix} 2 & 0 & -1 \\ 1 & 3 & 2 \end{pmatrix}, B = \begin{pmatrix} 1 & 7 & -1 \\ 4 & 2 & 3 \\ 2 & 0 & 1 \end{pmatrix}$，求 $(AB)^T$.

解　方法一：先计算乘积 AB，再写出 $(AB)^T$.

$$AB = \begin{pmatrix} 2 & 0 & -1 \\ 1 & 3 & 2 \end{pmatrix}\begin{pmatrix} 1 & 7 & -1 \\ 4 & 2 & 3 \\ 2 & 0 & 1 \end{pmatrix} = \begin{pmatrix} 0 & 14 & -3 \\ 17 & 13 & 10 \end{pmatrix}, (AB)^T = \begin{pmatrix} 0 & 17 \\ 14 & 13 \\ -3 & 10 \end{pmatrix}.$$

方法二：利用运算规律 $(AB)^T = B^T A^T$ 进行计算.

$$(AB)^T = B^T A^T = \begin{pmatrix} 1 & 4 & 2 \\ 7 & 2 & 0 \\ -1 & 3 & 1 \end{pmatrix}\begin{pmatrix} 2 & 1 \\ 0 & 3 \\ -1 & 2 \end{pmatrix} = \begin{pmatrix} 0 & 17 \\ 14 & 13 \\ -3 & 10 \end{pmatrix}.$$

五、矩阵的逆

在数的乘法中，对于不等于零的数 a 总存在唯一的数 b，使 $ab = ba = 1$，此数 b 是 a 的倒数，即 $b = \dfrac{1}{a} = a^{-1}$. 利用倒数，数的除法可转化为乘积的形式：$x \div a = x \cdot \dfrac{1}{a} = x \cdot a^{-1}$（$a \neq 0$）. 把这一思想

应用到矩阵的运算中，并注意到单位矩阵 E 在矩阵的乘法中的作用与数 1 类似，由此我们引入逆矩阵的定义.

定义 5 对于 n 阶矩阵 A，如果有一个 n 阶矩阵 B，使 $AB = BA = E$，则称矩阵 A 是可逆矩阵，并把矩阵 B 称为 A 的逆矩阵，简称逆阵，记作 $B = A^{-1}$.

逆矩阵满足以下运算规律：

（1）若 A 可逆，则 A^{-1} 是唯一的；

（2）若 A 可逆，则 A^{-1} 亦可逆，且 $(A^{-1})^{-1} = A$；

（3）若 A 可逆，数 $\lambda \neq 0$，则 λA 可逆，且 $(\lambda A)^{-1} = \dfrac{1}{\lambda} A^{-1}$；

（4）若 A、B 为同阶矩阵且均可逆，则 AB 亦可逆，且 $(AB)^{-1} = B^{-1} A^{-1}$；

（5）若 A 可逆，则 A^T 亦可逆，且 $(A^T)^{-1} = (A^{-1})^T$.

第三节　矩阵初等变换与秩

PPT

一、矩阵的初等变换

矩阵的初等变换是矩阵的一种十分重要的运算，它在解线性方程组、求逆矩阵及矩阵理论的探讨中都起到重要的作用.

定义 1 矩阵的下列三种变换称为矩阵的初等行变换：

（1）（对换变换）对换两行（对换 i，j 两行，记作 $r_i \leftrightarrow r_j$）；

（2）（倍乘变换）以数 $k \neq 0$ 乘某一行中的所有元（第 i 行乘 k，记作 $r_i \times k$）；

（3）（倍加变换）把某一行所有元的 k 倍加到另一行对应的元上去（第 j 行的 k 倍加到第 i 行上，记作 $kr_j + r_i$）.

把定义中的"行"换成"列"，即得矩阵的初等列变换的定义（所用记号是把"r"换成"c"）. 矩阵的初等行变换与初等列变换，统称为矩阵的初等变换.

二、行阶梯形矩阵

例 1 已知矩阵 $A = \begin{pmatrix} 3 & -2 & 4 & 5 \\ 1 & -1 & 1 & 2 \\ 2 & -2 & -1 & 7 \\ 1 & -1 & 3 & 0 \end{pmatrix}$，对其做如下初等行变换.

解　$A = \begin{pmatrix} 3 & -2 & 4 & 5 \\ 1 & -1 & 1 & 2 \\ 2 & -2 & -1 & 7 \\ 1 & -1 & 3 & 0 \end{pmatrix} \xrightarrow{r_1 \leftrightarrow r_2} \begin{pmatrix} 1 & -1 & 1 & 2 \\ 3 & -2 & 4 & 5 \\ 2 & -2 & -1 & 7 \\ 1 & -1 & 3 & 0 \end{pmatrix} \xrightarrow[\substack{-2r_1 + r_3 \\ -r_1 + r_4}]{-3r_1 + r_2} \begin{pmatrix} 1 & -1 & 1 & 2 \\ 0 & 1 & 1 & -1 \\ 0 & 0 & -3 & 3 \\ 0 & 0 & 2 & -2 \end{pmatrix} \xrightarrow{\frac{2}{3}r_3 + r_4}$

$\begin{pmatrix} 1 & -1 & 1 & 2 \\ 0 & 1 & 1 & -1 \\ 0 & 0 & -3 & 3 \\ 0 & 0 & 0 & 0 \end{pmatrix} = B$

形如矩阵 B：可以画出一条从第一行某元左方的竖线开始到最后一列某元下方的横线结束的阶梯线，这条阶梯线左下方的元全为 0；每条竖线的高度为一行，横线的右方的第一个元为非零元，此非零元称为该非零行的首非零元. 具有这样形状特点的矩阵称为行阶梯形矩阵.

定义 2　一个矩阵若满足以下条件，则称为行阶梯形矩阵：

（1）非零行在全零行（元素全为零的行）的上面；

（2）非零行的首非零元的列标随着行标的增加而严格递增的矩阵.

注：行阶梯形矩阵的全零行一定在矩阵的最下方；行阶梯形矩阵的非零行的第一个非零元素所在的列下方全为零.

对例 1 中的矩阵 $B = \begin{pmatrix} 1 & -1 & 1 & 2 \\ 0 & 1 & 1 & -1 \\ 0 & 0 & -3 & 3 \\ 0 & 0 & 0 & 0 \end{pmatrix}$ 继续做如下初等行变换，即

$$B = \begin{pmatrix} 1 & -1 & 1 & 2 \\ 0 & 1 & 1 & -1 \\ 0 & 0 & -3 & 3 \\ 0 & 0 & 0 & 0 \end{pmatrix} \xrightarrow{-\frac{1}{3}r_3} \begin{pmatrix} 1 & -1 & 1 & 2 \\ 0 & 1 & 1 & -1 \\ 0 & 0 & 1 & -1 \\ 0 & 0 & 0 & 0 \end{pmatrix} \xrightarrow[-r_3+r_2]{r_2+r_1} \begin{pmatrix} 1 & 0 & 2 & 1 \\ 0 & 1 & 0 & 0 \\ 0 & 0 & 1 & -1 \\ 0 & 0 & 0 & 0 \end{pmatrix} \xrightarrow{-2r_3+r_1}$$

$$\begin{pmatrix} 1 & 0 & 0 & 3 \\ 0 & 1 & 0 & 0 \\ 0 & 0 & 1 & -1 \\ 0 & 0 & 0 & 0 \end{pmatrix} = C$$

形如矩阵 C 的矩阵称为行最简形矩阵.

定义 3　若一个行阶梯型矩阵还满足以下条件，则称它为行最简形矩阵：

（1）非零行的首非零元为 1；

（2）首非零元所在列的其他元均为 0.

任何非零矩阵总可以经过有限次初等行变换把它变为行阶梯形矩阵和行最简形矩阵. 把非零矩阵 $A_{m \times n}$ 化为行阶梯形矩阵、行最简形矩阵的步骤如下：

$$A_{m \times n} \xrightarrow{\text{有限次初等行变换}} \text{行阶梯形矩阵} \xrightarrow{\text{有限次初等行变换}} \text{行最简形矩阵}$$

（1）通过行对换变换，确定矩阵第一行的第一个元素为非零元；

（2）把这个"非零元"所在列下方的元素化为"0"；

（3）将第二行的首非零元所在列下方元素化为"0"，以此类推进行行变换，直至矩阵每一行的首非零所在列下方元素都为"0"，即得到 $A_{m \times n}$ 的行阶梯形矩阵；

（4）把行阶梯形矩阵中所有非零行的首非零元化为"1"；

（5）把这些首非零元为"1"所在列中的其他元素都化为"0"，如此进行初等行变换，最终得到 $A_{m \times n}$ 的行最简形矩阵.

例 2　利用初等行变换把矩阵 $A = \begin{pmatrix} 0 & 3 & -6 & 6 & 4 & -5 \\ 3 & -7 & 8 & -5 & 8 & 9 \\ 3 & -9 & 12 & -9 & 6 & 15 \end{pmatrix}$ 先化为行阶梯形矩阵，再化为行最简形矩阵.

解

$$A = \begin{pmatrix} 0 & 3 & -6 & 6 & 4 & -5 \\ 3 & -7 & 8 & -5 & 8 & 9 \\ 3 & -9 & 12 & -9 & 6 & 15 \end{pmatrix} \xrightarrow{r_1 \leftrightarrow r_3} \begin{pmatrix} 3 & -9 & 12 & -9 & 6 & 15 \\ 3 & -7 & 8 & -5 & 8 & 9 \\ 0 & 3 & -6 & 6 & 4 & -5 \end{pmatrix}$$

$$\xrightarrow{-r_1 + r_2} \begin{pmatrix} 3 & -9 & 12 & -9 & 6 & 15 \\ 0 & 2 & -4 & 4 & 2 & -6 \\ 0 & 3 & -6 & 6 & 4 & -5 \end{pmatrix}$$

$$\xrightarrow{-\frac{3}{2}r_2 + r_3} \begin{pmatrix} 3 & -9 & 12 & -9 & 6 & 15 \\ 0 & 2 & -4 & 4 & 2 & -6 \\ 0 & 0 & 0 & 0 & 1 & 4 \end{pmatrix} （行阶梯形矩阵）$$

$$\xrightarrow[\frac{1}{2}r_2]{\frac{1}{3}r_1} \begin{pmatrix} 1 & -3 & 4 & -3 & 2 & 5 \\ 0 & 1 & -2 & 2 & 1 & -3 \\ 0 & 0 & 0 & 0 & 1 & 4 \end{pmatrix} \xrightarrow[-r_3 + r_2]{-2r_3 + r_1} \begin{pmatrix} 1 & -3 & 4 & -3 & 0 & -3 \\ 0 & 1 & -2 & 2 & 0 & -7 \\ 0 & 0 & 0 & 0 & 1 & 4 \end{pmatrix}$$

$$\xrightarrow{3r_2 + r_1} \begin{pmatrix} 1 & 0 & -2 & 3 & 0 & -24 \\ 0 & 1 & -2 & 2 & 0 & -7 \\ 0 & 0 & 0 & 0 & 1 & 4 \end{pmatrix} （行最简形矩阵）.$$

逆矩阵 A 经过有限次的初等行变换可以化成单位矩阵 E，那么用有限次同样的初等行变换作用到 E 上，就可以把 E 化成 A^{-1}. 因此，我们得到用初等行变换求逆矩阵的方法：在矩阵 A 的右边写上一个同阶的单位矩阵 E，构成一个 $n \times 2n$ 矩阵 $(A \quad E)$，用初等行变换将左半部分的 A 化成单位矩阵 E，与此同时，右半部分的 E 就被化成了 A^{-1}，即

$$(A \quad E) \xrightarrow{\text{有限次初等行变换}} (E \quad A^{-1}).$$

例3 设矩阵 $A = \begin{pmatrix} 1 & -1 & 1 \\ 1 & 1 & 3 \\ 2 & -3 & 2 \end{pmatrix}$，利用初等行变换法求逆矩阵 A^{-1}.

解 $(A \quad E) = \begin{pmatrix} 1 & -1 & 1 & 1 & 0 & 0 \\ 1 & 1 & 3 & 0 & 1 & 0 \\ 2 & -3 & 2 & 0 & 0 & 1 \end{pmatrix} \longrightarrow \begin{pmatrix} 1 & -1 & 1 & 1 & 0 & 0 \\ 0 & 2 & 2 & -1 & 1 & 0 \\ 0 & -1 & 0 & -2 & 0 & 1 \end{pmatrix}$

$$\longrightarrow \begin{pmatrix} 1 & -1 & 1 & 1 & 0 & 0 \\ 0 & 1 & 1 & -\frac{1}{2} & \frac{1}{2} & 0 \\ 0 & 0 & 1 & -\frac{5}{2} & \frac{1}{2} & 1 \end{pmatrix} \longrightarrow \begin{pmatrix} 1 & -1 & 0 & \frac{7}{2} & -\frac{1}{2} & -1 \\ 0 & 1 & 0 & 2 & 0 & -1 \\ 0 & 0 & 1 & -\frac{5}{2} & \frac{1}{2} & 1 \end{pmatrix}$$

$$\longrightarrow \begin{pmatrix} 1 & 0 & 0 & \frac{11}{2} & -\frac{1}{2} & -2 \\ 0 & 1 & 0 & 2 & 0 & -1 \\ 0 & 0 & 1 & -\frac{5}{2} & \frac{1}{2} & 1 \end{pmatrix},$$

所以

$$A^{-1} = \begin{pmatrix} \dfrac{11}{2} & -\dfrac{1}{2} & -2 \\ 2 & 0 & -1 \\ -\dfrac{5}{2} & \dfrac{1}{2} & 1 \end{pmatrix}.$$

即学即练 7 - 1

答案解析

已知矩阵 $A = \begin{pmatrix} 0 & 3 & 3 \\ 1 & 1 & 0 \\ -1 & 2 & 3 \end{pmatrix}$，且 $AB = A + 2B$，则矩阵 B 为（　）.

A. $\begin{pmatrix} 0 & 3 & 3 \\ -1 & 2 & 3 \\ 1 & 1 & 0 \end{pmatrix}$　B. $\begin{pmatrix} -1 & 3 & 3 \\ -1 & 1 & 3 \\ 1 & 1 & -1 \end{pmatrix}$　C. $\begin{pmatrix} -\dfrac{1}{2} & \dfrac{3}{2} & \dfrac{3}{2} \\ -\dfrac{1}{2} & \dfrac{1}{2} & \dfrac{3}{2} \\ \dfrac{1}{2} & \dfrac{1}{2} & -\dfrac{1}{2} \end{pmatrix}$　D. $\begin{pmatrix} 0 & 3 & 3 \\ 1 & 1 & 0 \\ -1 & 2 & 3 \end{pmatrix}$

如果继续对例 1 中的行最简形矩阵 $C = \begin{pmatrix} 1 & 0 & 0 & 3 \\ 0 & 1 & 0 & 0 \\ 0 & 0 & 1 & -1 \\ 0 & 0 & 0 & 0 \end{pmatrix}$ 做如下初等列变换，可得

$$C \xrightarrow{c_3 + c_4} \begin{pmatrix} 1 & 0 & 0 & 3 \\ 0 & 1 & 0 & 0 \\ 0 & 0 & 1 & 0 \\ 0 & 0 & 0 & 0 \end{pmatrix} \xrightarrow{-3c_1 + c_4} \begin{pmatrix} 1 & 0 & 0 & 0 \\ 0 & 1 & 0 & 0 \\ 0 & 0 & 1 & 0 \\ 0 & 0 & 0 & 0 \end{pmatrix} = F.$$

称矩阵 F 为原矩阵 A 的标准形，其特点是 F 的左上角是一个单位矩阵，其余元素全为 0.

对于 $m \times n$ 矩阵 A，总可以经过初等变换（行变换和列变换）把它化为标准形 $F = \begin{pmatrix} E_r & O \\ O & O \end{pmatrix}_{m \times n}$，此标准形由 m, n, r 三个数完全确定，其中 r 就是行阶梯形矩阵中非零行的行数.

三、矩阵的秩

我们已经知道任何非零矩阵总可以经过有限次初等行变换把它变为行阶梯形矩阵，且行阶梯形矩阵中非零行的行数是确定的，这个数实质上就是矩阵的"秩".

定义 4　矩阵 A 的行阶梯形矩阵中非零行的行数称为矩阵 A 的秩，记作 $r(A)$. 规定零矩阵的秩等于 0.

例 4　求矩阵 $A = \begin{pmatrix} 3 & 2 & 0 & 5 & 0 \\ 3 & -2 & 3 & 6 & -1 \\ 2 & 0 & 1 & 5 & -3 \\ 1 & 6 & -4 & -1 & 4 \end{pmatrix}$ 的秩.

解 对矩阵 A 做初等行变换，将 A 化为行阶梯形矩阵，那么行阶梯形矩阵中非零行的行数即矩阵 A 的秩.

对矩阵 A 做初等行变换化成行阶梯形矩阵：

$$A = \begin{pmatrix} 3 & 2 & 0 & 5 & 0 \\ 3 & -2 & 3 & 6 & -1 \\ 2 & 0 & 1 & 5 & -3 \\ 1 & 6 & -4 & -1 & 4 \end{pmatrix} \xrightarrow[\substack{-2r_1+r_3 \\ -3r_1+r_4}]{\substack{r_1 \leftrightarrow r_4 \\ -r_4+r_2}} \begin{pmatrix} 1 & 6 & -4 & -1 & 4 \\ 0 & -4 & 3 & 1 & -1 \\ 0 & -12 & 9 & 7 & -11 \\ 0 & -16 & 12 & 8 & -12 \end{pmatrix}$$

$$\xrightarrow[-4r_2+r_4]{-3r_2+r_3} \begin{pmatrix} 1 & 6 & -4 & -1 & 4 \\ 0 & -4 & 3 & 1 & -1 \\ 0 & 0 & 0 & 4 & -8 \\ 0 & 0 & 0 & 4 & -8 \end{pmatrix} \xrightarrow{-r_3+r_4} \begin{pmatrix} 1 & 6 & -4 & -1 & 4 \\ 0 & -4 & 3 & 1 & -1 \\ 0 & 0 & 0 & 4 & -8 \\ 0 & 0 & 0 & 0 & 0 \end{pmatrix}$$

在矩阵 A 的行阶梯形矩阵中有 3 个非零行，所以矩阵 B 的秩 $r(B) = 3$.

第四节　线性方程组

一、线性方程组的概念

设有 n 个未知数 m 个方程的线性方程组

$$\begin{cases} a_{11}x_1 + a_{12}x_2 + \cdots + a_{1n}x_n = b_1 \\ a_{21}x_1 + a_{22}x_2 + \cdots + a_{2n}x_{2n} = b_2 \\ \cdots \\ a_{m1}x_1 + a_{m2}x_2 + \cdots + a_{mn}x_n = b_m \end{cases}, \tag{7.1}$$

其中 a_{ij} 是第 i 个方程第 j 个未知数的系数，b_i 是第 i 个方程的常数项，$i = 1,2,\cdots,m$；$j = 1,2,\cdots,n$，当常数项 $b_1,b_2,\cdots,b_m$ 不为零时，线性方程组（7.1）叫作 n 元非齐次线性方程组，当 $b_1,b_2,\cdots,b_m$ 全为零时，（7.1）式成为

$$\begin{cases} a_{11}x_1 + a_{12}x_2 + \cdots + a_{1n}x_n = 0 \\ a_{21}x_1 + a_{22}x_2 + \cdots + a_{2n}x_{2n} = 0 \\ \cdots \\ a_{m1}x_1 + a_{m2}x_2 + \cdots + a_{mn}x_n = 0 \end{cases}, \tag{7.2}$$

叫作 n 元齐次线性方程组.

n 元线性方程组往往简称为线性方程组或方程组.

对于齐次线性方程组（7.2），$x_1 = x_2 = \cdots = x_n = 0$ 一定是它的解，这个解叫作齐次线性方程组（7.2）的零解. 如果一组不全为零的数是（7.2）的解，则它叫作齐次线性方程组（7.2）的非零解. 齐次线性方程组一定有零解，但不一定有非零解.

例如：

$$①\begin{cases} x - y = 0 \\ x + y = 2 \end{cases}, \quad ②\begin{cases} x - y = 0 \\ x + y = 1 \\ x + y = 2 \end{cases}, \quad ③\begin{cases} x_1 - x_2 = 0 \\ 2x_1 - 2x_2 = 0 \\ 3x_1 - 3x_2 = 0 \end{cases},$$

就是三个二元线性方程组，并且③是齐次方程组．

对这三个方程组的解进行讨论．方程组①：容易解得其唯一解 $x = y = 1$．方程组②：显然不存在数 x 和 y 使得 $x + y = 1$ 和 $x + y = 2$ 同时成立，故方程组②无解．方程组③：设 s 为任一数，那么 $x_1 = x_2 = s$ 是③的解，从而方程组③有无限多个解．

由此看来，对于线性方程组需要讨论以下问题：它是否有解？在有解时它的解是否唯一？如果有多个解，如何求出它的所有解？

利用矩阵来讨论线性方程组的解的情况或求线性方程组的解是很方便的．因此，我们先给出线性方程组的矩阵表示形式．

对非齐次线性方程组（7.1），若记

$$A = \begin{pmatrix} a_{11} & a_{12} & \cdots & a_{1n} \\ a_{21} & a_{22} & \cdots & a_{2n} \\ \vdots & \vdots & & \vdots \\ a_{m1} & a_{m2} & \cdots & a_{mn} \end{pmatrix}, \quad x = \begin{pmatrix} x_1 \\ x_2 \\ \vdots \\ x_n \end{pmatrix}, \quad b = \begin{pmatrix} b_1 \\ b_2 \\ \vdots \\ b_m \end{pmatrix}, \quad \tilde{A} = \begin{pmatrix} a_{11} & a_{12} & \cdots & a_{1n} & b_1 \\ a_{21} & a_{22} & \cdots & a_{2n} & b_2 \\ \vdots & \vdots & & \vdots & \vdots \\ a_{m1} & a_{m2} & \cdots & a_{mn} & b_m \end{pmatrix},$$

则利用矩阵的乘法，方程组（7.1）可被表示为矩阵的形式，即

$$Ax = b,$$

其中 A 称为系数矩阵，x 称为未知数矩阵，b 称为常数项矩阵，$\tilde{A}$ 称为增广矩阵，增广矩阵也记作 $\tilde{A} = (A \quad b)$．

齐次线性方程组（7.2）的矩阵表示形式为 $Ax = O$，其中 $O = (0 \quad 0 \quad \cdots \quad 0)^T$．

例1 写出线性方程组

$$\begin{cases} x_1 + 2x_2 - 2x_3 - x_4 = 1 \\ 2x_1 + x_2 + 2x_3 - 5x_4 = 2 \\ -x_1 + 3x_2 + 7x_3 - 4x_4 = 0 \end{cases}$$

的矩阵形式和增广矩阵 $(A \quad b)$．

解 方程组的矩阵形式 $Ax = b$，即

$$\begin{pmatrix} 1 & 2 & -2 & -1 \\ 2 & 1 & 2 & -5 \\ -1 & 3 & 7 & -4 \end{pmatrix} \begin{pmatrix} x_1 \\ x_2 \\ x_3 \end{pmatrix} = \begin{pmatrix} 1 \\ 2 \\ 0 \end{pmatrix}.$$

将各未知数系数和常数项按照原来的位置排列并写在括号里，就是增广矩阵，即

$$(A \quad b) = \begin{pmatrix} 1 & 2 & -2 & -1 & 1 \\ 2 & 1 & 2 & -5 & 2 \\ -1 & 3 & 7 & -4 & 0 \end{pmatrix}.$$

利用初等行变换，把增广矩阵化成行最简形矩阵，求解非齐次线性方程组 $Ax = b$．

例 2 求解非齐次线性方程组

$$\begin{cases} 2x_1 - x_2 + 3x_3 = 1 \\ 4x_1 + 2x_2 + 5x_3 = 4. \\ 2x_1 + 5x_3 = -12 \end{cases}$$

解 对增广矩阵 $\tilde{A}$ 施行初等行变换变为行最简形矩阵，即

$$\tilde{A} = (A \quad b) = \begin{pmatrix} 2 & -1 & 3 & 1 \\ 4 & 2 & 5 & 4 \\ 2 & 0 & 5 & -12 \end{pmatrix} \xrightarrow[\substack{-2r_1 + r_2 \\ -r_1 + r_3}]{} \begin{pmatrix} 2 & -1 & 3 & 1 \\ 0 & 4 & -1 & 2 \\ 0 & 1 & 2 & -13 \end{pmatrix}$$

$$\xrightarrow[\substack{r_2 \leftrightarrow r_3 \\ -4r_2 + r_3 \\ -\frac{1}{9}r_3}]{} \begin{pmatrix} 2 & -1 & 3 & 1 \\ 0 & 1 & 2 & -13 \\ 0 & 0 & 1 & -6 \end{pmatrix} \xrightarrow[\substack{-2r_3 + r_2 \\ -3r_3 + r_1}]{} \begin{pmatrix} 2 & -1 & 0 & 19 \\ 0 & 1 & 0 & -1 \\ 0 & 0 & 1 & -6 \end{pmatrix} \xrightarrow[\substack{r_2 + r_1 \\ \frac{1}{2}r_1}]{} \begin{pmatrix} 1 & 0 & 0 & 9 \\ 0 & 1 & 0 & -1 \\ 0 & 0 & 1 & -6 \end{pmatrix}$$

即原方程组化为 $\begin{cases} x_1 = 9 \\ x_2 = -1 \\ x_3 = -6 \end{cases}$ ，此为方程组的解.

例 3 求解齐次线性方程组

$$\begin{cases} x_1 + 2x_2 + 2x_3 + x_4 = 0 \\ 2x_1 + x_2 - 2x_3 - 2x_4 = 0. \\ x_1 - x_2 - 4x_3 - 3x_4 = 0 \end{cases}$$

解 对系数矩阵 A 施行初等行变换，即

$$A = \begin{pmatrix} 1 & 2 & 2 & 1 \\ 2 & 1 & -2 & -2 \\ 1 & -1 & -4 & -3 \end{pmatrix} \xrightarrow[\substack{-2r_1 + r_2 \\ -r_1 + r_3}]{} \begin{pmatrix} 1 & 2 & 2 & 1 \\ 0 & -3 & -6 & -4 \\ 0 & -3 & -6 & -4 \end{pmatrix}$$

$$\xrightarrow[\substack{-r_2 + r_3 \\ -\frac{1}{3}r_2}]{} \begin{pmatrix} 1 & 2 & 2 & 1 \\ 0 & 1 & 2 & \frac{4}{3} \\ 0 & 0 & 0 & 0 \end{pmatrix} \xrightarrow[-2r_2 + r_1]{} \begin{pmatrix} 1 & 0 & -2 & -\frac{5}{3} \\ 0 & 1 & 2 & \frac{4}{3} \\ 0 & 0 & 0 & 0 \end{pmatrix} ,$$

即得到与原方程组通解的方程组 $\begin{cases} x_1 - 2x_3 - \dfrac{5}{3}x_4 = 0 \\ x_2 + 2x_3 + \dfrac{4}{3}x_4 = 0 \end{cases}$ ，

由此即得

$$\begin{cases} x_1 = 2x_3 + \dfrac{5}{3}x_4 \\ x_2 = -2x_3 - \dfrac{4}{3}x_4 \end{cases} \quad (x_3, x_4 \text{ 可任意取值}), \tag{1}$$

显然，只要未知量 x_3, x_4 的值取定，如取 $x_3 = 1, x_4 = 0$ ，并代入即可得到方程组的一组解，

112

$$\begin{cases} x_1 = 2 \\ x_2 = -2 \\ x_3 = 1 \\ x_4 = 0 \end{cases} \tag{2}$$

由于未知量 x_3, x_4 可以取任意实数，故方程组的解有无限多个．要想表示出方程组的所有解，这里我们令 $x_3 = c_1, x_4 = c_2$，代入得

$$\begin{cases} x_1 = 2c_1 + \dfrac{5}{3}c_2 \\ x_2 = -2c_1 - \dfrac{4}{3}c_2 \quad （c_1, c_2 \text{ 为任意实数}）. \\ x_3 = c_1 \\ x_4 = c_2 \end{cases} \tag{3}$$

在上面所述中，称（1）式中等号右端的未知量 x_3, x_4 为方程组的自由未知量；用自由未知量表示其他未知量的（1）式称为方程组的一般解；当自由未知量取定一个数得到方程组的一个解，即（2）式称为方程组的特解；称（3）式为方程组的全部解．我们把方程组的解（3）式用数与矩阵相乘的方式来表达，方程组的解还可以表示为

$$\begin{pmatrix} x_1 \\ x_2 \\ x_3 \\ x_4 \end{pmatrix} = \begin{pmatrix} 2c_1 + \dfrac{5}{3}c_2 \\ -2c_1 - \dfrac{4}{3}c_2 \\ c_1 \\ c_2 \end{pmatrix} = c_1 \begin{pmatrix} 2 \\ -2 \\ 1 \\ 0 \end{pmatrix} + c_2 \begin{pmatrix} \dfrac{5}{3} \\ -\dfrac{4}{3} \\ 0 \\ 1 \end{pmatrix} \quad （c_1, c_2 \text{ 为任意实数}）.$$

注：自由未知量不是唯一的，上题中也可取 x_1, x_2 或 x_1, x_3 为自由未知量，这里不再一一展示计算了；但可以看出自由未知量的个数是一定的，等于方程组未知量个数减矩阵的秩，即 $n - r$．

例 4　求解非齐次线性方程组

$$\begin{cases} x_1 + x_2 - 3x_3 - x_4 = 1 \\ 3x_1 - x_2 - 3x_3 + 4x_4 = 4. \\ x_1 + 5x_2 - 9x_3 - 8x_4 = 0 \end{cases}$$

解　对增广矩阵 $\tilde{A}$ 施行初等行变换，即

$$\tilde{A} = \begin{pmatrix} 1 & 1 & -3 & -1 & 1 \\ 3 & -1 & -3 & 4 & 4 \\ 1 & 5 & -9 & -8 & 0 \end{pmatrix} \xrightarrow[-r_1 + r_3]{-3r_1 + r_2} \begin{pmatrix} 1 & 1 & -3 & -1 & 1 \\ 0 & -4 & 6 & 7 & 1 \\ 0 & 4 & -6 & -7 & -1 \end{pmatrix}$$

$$\xrightarrow[-\frac{1}{4}r_2]{r_2 + r_3} \begin{pmatrix} 1 & 1 & -3 & -1 & 1 \\ 0 & 1 & -\dfrac{3}{2} & -\dfrac{7}{4} & -\dfrac{1}{4} \\ 0 & 0 & 0 & 0 & 0 \end{pmatrix} \xrightarrow{-r_2 + r_1} \begin{pmatrix} 1 & 0 & -\dfrac{3}{2} & \dfrac{3}{4} & \dfrac{5}{4} \\ 0 & 1 & -\dfrac{3}{2} & -\dfrac{7}{4} & -\dfrac{1}{4} \\ 0 & 0 & 0 & 0 & 0 \end{pmatrix},$$

得到对应的方程组

$$\begin{cases} x_1 = \dfrac{3}{2}x_3 - \dfrac{3}{4}x_4 + \dfrac{5}{4} \\ x_2 = \dfrac{3}{2}x_3 + \dfrac{7}{4}x_4 - \dfrac{1}{4} \end{cases} \quad (x_3, x_4 \text{ 可任意取值}),$$

令 $x_3 = c_1, x_4 = c_2$，得

$$\begin{cases} x_1 = \dfrac{3}{2}c_1 - \dfrac{3}{4}c_2 + \dfrac{5}{4} \\ x_2 = \dfrac{3}{2}c_1 + \dfrac{7}{4}c_2 - \dfrac{1}{4} \\ x_3 = c_1 \\ x_4 = c_2 \end{cases} \quad (c_1, c_2 \text{ 为任意实数}),$$

即方程组的全部解.

📖 知识链接

飞机设计中的线性方程组

工程师们在建造实际飞机模型前，需要研究虚拟飞机模型周围空气的流动问题. 虽然飞机精巧的外表看上去是光滑的，但其表面的几何曲面是十分复杂的，除了机翼和机身，飞机上还有引擎舱、水平尾翼、狭板、襟翼、副翼等，空气在这些结构上的流动决定了飞机在天空中如何运动. 描述气流的方程很复杂，必须考虑到引擎的吸气量、引擎的排气量和机翼留下的痕迹.

研究飞机表面气流的过程包含反复求解大型的线性方程组 $Ax = b$，涉及的方程个数和变量个数达到 200 万个. 工程师们为求解一个气流问题要用数十小时甚至数天的时间，在分析方程组的解之后，会对飞机的外表进行修改，从而降低气流对飞机飞行的影响.

二、线性方程组解的判定

定理 1 n 元非齐次线性方程组 $Ax = b$ 有解的充分必要条件是系数矩阵 A 的秩等于增广矩阵 $\tilde{A}$ 的秩，即 $r(A) = r(\tilde{A})$.

推论（其中 n 是方程组中未知量的个数）：

（1）$Ax = b$ 有唯一解的充分必要条件是 $r(A) = r(\tilde{A}) = n$；

（2）$Ax = b$ 有无限多解的充分必要条件是 $r(A) = r(\tilde{A}) < n$，且自由未知量个数为 $n - r$；

（3）$Ax = b$ 无解的的充分必要条件是 $r(A) < r(\tilde{A})$.

定理 2 n 元齐次线性方程组 $Ax = O$ 有非零解的充分必要条件是系数矩阵 A 的秩小于方程组未知量个数，即 $r(A) < n$.

例 5 求 b 的值，使齐次线性方程组 $\begin{cases} x_1 + 2x_2 + x_3 = 0 \\ x_1 + x_2 + bx_3 = 0 \\ x_1 + x_2 + 2bx_3 = 0 \end{cases}$ 有非零解.

解

$$A = \begin{pmatrix} 1 & 2 & 1 \\ 1 & 1 & b \\ 1 & 1 & 2b \end{pmatrix} \xrightarrow[-r_1 + r_3]{-r_1 + r_2} \begin{pmatrix} 1 & 2 & 1 \\ 0 & -1 & b-1 \\ 0 & -1 & 2b-1 \end{pmatrix} \xrightarrow{r_2 + r_3} \begin{pmatrix} 1 & 2 & 1 \\ 0 & -1 & b-1 \\ 0 & 0 & b \end{pmatrix}$$

根据判定定理得出：

（1）当 $b = 0$，即有 $A = \begin{pmatrix} 1 & 2 & 1 \\ 0 & -1 & -1 \\ 0 & 0 & 0 \end{pmatrix}$，$r(A) = 2 < n = 3$，此时方程组有唯一零解；

（2）当 $b \neq 0$，即有 $A = \begin{pmatrix} 1 & 2 & 1 \\ 0 & -1 & b-1 \\ 0 & 0 & b \end{pmatrix}$，$r(A) = n = 3$，此时方程组有非零解，即为所求．

▶▶ 实例分析

实例　某药厂生产三种中成药，每件中成药的生产都要经过三个车间加工，三个车间一周的工时数及一件中成药在各车间加工所需要的工时数见下表．

	中成药 1	中成药 2	中成药 3	车间工时（时/周）
1 车间	1	1	2	40
2 车间	3	2	3	75
3 车间	1	1	1	28

答案解析

问题　三种中成药每周的产量各是多少？

目标检测

答案解析

一、单项选择题

1. 设 A、B、C 都是 n 阶方阵，且 $ABC = E$，则必有（　　）．

　　A. $CBA = E$　　　　　　　　　　　　　　B. $BCA = E$

　　C. $BAC = E$　　　　　　　　　　　　　　D. $ACB = E$

2. 若可逆矩阵 $A = \begin{pmatrix} 1 & 0 & 0 \\ 0 & 2 & 0 \\ 0 & 0 & 3 \end{pmatrix}$，则 A^{-1} 等于（　　）．

A. $\begin{pmatrix} \frac{1}{3} & 0 & 0 \\ 0 & \frac{1}{2} & 0 \\ 0 & 0 & 1 \end{pmatrix}$　　　B. $\begin{pmatrix} \frac{1}{3} & 0 & 0 \\ 0 & 1 & 0 \\ 0 & 0 & \frac{1}{2} \end{pmatrix}$　　　C. $\begin{pmatrix} 1 & 0 & 0 \\ 0 & \frac{1}{2} & 0 \\ 0 & 0 & \frac{1}{3} \end{pmatrix}$　　　D. $\begin{pmatrix} \frac{1}{2} & 0 & 0 \\ 0 & \frac{1}{3} & 0 \\ 0 & 0 & 1 \end{pmatrix}$

3. 若非齐次线性方程组 $\begin{cases} \alpha x_1 + x_2 + x_3 = 1 \\ x_1 + \alpha x_2 + x_3 = \alpha \\ x_1 + x_2 + \alpha x_3 = \alpha^2 \end{cases}$ 有唯一解，则 α 必须满足（　　）.

A. $\alpha \neq 1$ 且 $\alpha \neq 2$ 　　　　　　B. $\alpha \neq -1$ 且 $\alpha \neq 2$

C. $\alpha \neq 1$ 且 $\alpha \neq -2$ 　　　　　D. $\alpha = 1$ 且 $\alpha \neq 2$

4. 已知齐次线性方程组 $Ax = 0$ 的解为 $\begin{pmatrix} x_1 \\ x_2 \\ x_3 \end{pmatrix} = c_1 \begin{pmatrix} 1 \\ 0 \\ 0 \end{pmatrix} + c_2 \begin{pmatrix} 0 \\ 1 \\ -1 \end{pmatrix}$，则系数矩阵 A 为（　　）.

A. $(-2 \quad 1 \quad 1)$ 　　B. $\begin{pmatrix} 2 & 0 & -1 \\ 0 & 1 & 1 \end{pmatrix}$ 　　C. $\begin{pmatrix} -1 & 0 & 2 \\ 0 & 1 & -1 \end{pmatrix}$ 　　D. $\begin{pmatrix} 0 & 1 & -1 \\ 4 & -2 & -2 \\ 0 & 1 & 1 \end{pmatrix}$

二、填空题

1. 已知 $A = \begin{pmatrix} 0 & 1 \\ 2 & -1 \end{pmatrix}$，$B = \begin{pmatrix} -1 & 3 \\ 1 & -1 \end{pmatrix}$，则 $2A + B^T = $ _____，$AB = $ _____，$(A^T B^T)^T = $ _____.

2. 设 A 是 $m \times n$ 矩阵，B 是 $p \times q$ 矩阵，若存在矩阵 Z、Y，使 $Y = AZB$，则 Z 是 _____ 阶矩阵，Y 是 _____ 阶矩阵.

3. 若矩阵 $A = \begin{pmatrix} 1 & 2 & 1 \\ 3 & 1 & -1 \\ 6 & 2 & a \\ 2 & -1 & -2 \end{pmatrix}$ 的秩为 2，则 $a = $ _____.

4. 若齐次线性方程组 $\begin{cases} \lambda x_1 + x_2 + x_3 = 0 \\ x_1 + \lambda x_2 + b x_3 = 0 \\ x_1 + x_2 + \lambda x_3 = 0 \end{cases}$ 只有零解，则 λ 应满足 _____.

三、解答题

1. 计算下列乘积.

(1) $\begin{pmatrix} 4 & 3 & 1 \\ 1 & -2 & 3 \\ 5 & 7 & 0 \end{pmatrix} \begin{pmatrix} 7 \\ 2 \\ 1 \end{pmatrix}$

(2) $(1 \quad 2 \quad 3) \begin{pmatrix} 3 \\ 2 \\ 1 \end{pmatrix}$

(3) $\begin{pmatrix} 3 \\ 2 \\ 1 \end{pmatrix} (1 \quad 2 \quad 3)$

(4) $\begin{pmatrix} 1 & 2 & 3 \\ 2 & 4 & 6 \\ 3 & 6 & 9 \end{pmatrix} \begin{pmatrix} -1 & -2 & -4 \\ -1 & -2 & -4 \\ 1 & 2 & 4 \end{pmatrix}$

2. 利用初等行变换求下列矩阵的逆矩阵．

(1) $\begin{pmatrix} 3 & 4 \\ 1 & 2 \end{pmatrix}$

(2) $\begin{pmatrix} 2 & 0 & 1 \\ 1 & -2 & -1 \\ -1 & 3 & 2 \end{pmatrix}$

3. 已知 $A = \begin{pmatrix} 1 & 1 & a \\ 1 & a & 1 \\ a & 1 & 1 \end{pmatrix}$，求矩阵 A 的秩．

4. 设 $A = \begin{pmatrix} 1 & 1 & 1 \\ 1 & 1 & -1 \\ 1 & -1 & 1 \end{pmatrix}$，$B = \begin{pmatrix} 1 & 2 & 3 \\ -1 & -2 & 4 \\ 0 & 5 & 1 \end{pmatrix}$，求 $3AB - 2A$ 及 $A^T B$．

5. 判别下列方程组是否有解．若有解，是有唯一解还是有无限多解？

(1) $\begin{cases} x_1 + 2x_2 - 3x_3 = -11 \\ -x_1 - x_2 + x_3 = 7 \\ 2x_1 - 3x_2 + x_3 = 6 \\ -3x_1 + x_2 + 2x_3 = 4 \end{cases}$

(2) $\begin{cases} x_1 + 2x_2 - 3x_3 = -11 \\ -x_1 - x_2 + 2x_3 = 7 \\ 2x_1 - 3x_2 + x_3 = 6 \\ -3x_1 + x_2 + 2x_3 = 5 \end{cases}$

(3) $\begin{cases} x_1 + 2x_2 - 3x_3 = -11 \\ -x_1 - x_2 + x_3 = 7 \\ 2x_1 - 3x_2 + x_3 = 6 \\ -3x_1 + x_2 + 2x_3 = 5 \end{cases}$

6. 讨论线性方程组 $\begin{cases} x_1 + x_2 + \lambda x_3 = 1 \\ x_1 + \lambda x_2 + x_3 = \lambda \\ \lambda x_1 + x_2 + x_3 = \lambda^2 \end{cases}$，

当 λ 取何值时，方程组无解？有唯一解？有无限多解？并求出无限解的全部解．

书网融合······

知识回顾　　微课　　习题

参考文献

［1］同济大学数学系. 高等数学［M］. 北京：高等教育出版社，2014.

［2］张天德. 线性代数辅导［M］. 北京：北京理工大学出版社，2020.

［3］覃东君. 高等数学［M］. 天津：南开大学出版社，2013.

［4］黄伟祥. 高等数学［M］. 上海：上海交通大学出版社，2016.

［5］王高雄. 常微分方程［M］. 北京：高等教育出版社，2006.

［6］王小平. 高等数学［M］. 北京：科学出版社，2019.

［7］盛祥耀. 高等数学［M］. 北京：高等教育出版社，2015.

［8］张选群. 医用高等数学［M］. 北京：人民卫生出版社，2017.

［9］刘金冷. 大学数学（理工类）［M］. 电子工业出版社，2016.

［10］薛利敏. 高等数学［M］. 北京：教育科学出版社，2012.

［11］吴赣昌. 线性代数（医药类）［M］. 2版. 北京：中国人民大学出版社，2012.

［12］戴维·C. 雷，史蒂文·R. 雷，朱迪·J. 麦克唐纳. 线性代数及其应用［M］. 刘深泉，张万芹，陈玉珍，等，译. 5版. 北京：机械工业出版社，2020.

［13］同济大学数学系. 工程数学·线性代数［M］. 北京：高等教育出版社，2014.